「ファインマン物理学」を読む　普及版

力学と熱力学を中心として

竹内　薫　著

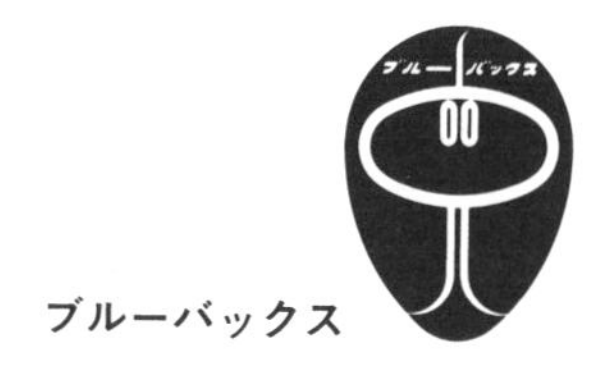

装幀／児崎雅淑（芦澤泰偉事務所）
本文デザイン／浅妻健司
イラストレーション／五十嵐 徹

ブルーバックス版へのまえがき

　本書が、『「ファインマン物理学」を読む　普及版』全3巻のトリである。単行本の刊行から15年経って読み返してみて、気がついたらにっこりと微笑んでいた。
　いや、別に深い意味があるわけでなく、学校を卒業して社会に巣立つ子どもに「ガンバレよ」と声をかけているような気分になったのである。
　まあ、そんな老サイエンス作家の心の内など、どうでもよいが、この最終巻で扱う力学・熱力学は、ある意味、ファインマンさんの「原点」とみなすことができる。
　有名な逸話だが、ファインマンさんが論文が書けなくてスランプに陥っていたとき、学生がお皿を宙に投げて遊んでいるのを見て、急にやる気が戻ってきて復活したという。ファインマンさんは、そのお皿の回転運動を計算してみて、物理学で「遊ぶ」楽しさを思い出したのだそうだ。たかが力学、されど力学。
　また、永久運動を否定するために考案された熱力学のラチェットの話は、その後、さまざまな人が引用して有名になった。ファインマンさんのことをあまりよく知らないのに、ファインマンさんのラチェットなら知っているという人もいるくらいだ。
　力学の部分は、ハレー彗星の軌道計算をやったり、ツィオルコフスキーのロケット飛翔の公式を眺めたりしているうちに、どんどん読み進んでしまう感がある。熱力学は、少々、淡泊なきらいがあるので、ミセレーニアのトピックスで遊びながら、本書を締めることにした。個人的に、この最終巻で気に入っている箇所は、ナノテクノロジー、量子コンピュータ、先進波と後進波あたりだろうか。

生徒さんと一緒に『ファインマン物理学』を読んでいたカルチャーセンターの講座では、必ずしも、こういった話題に深入りしなかったこともあるが、本書を読み返してみると、あらためて、ファインマンさんの物理学者としての幅広さと奥深さを感じる。

その量子コンピュータについて一言。

第四次産業革命が進行中で、2019年には、Googleが量子超越性（超計算）を実証したと発表して話題になった。これは一言でいえば、量子コンピュータが、既存のスーパーコンピュータの性能を凌駕した、ということだ。無論、あらゆる計算で量子コンピュータが勝っているわけではないが、たった一つの事例であったとしても、量子コンピュータの「尖った」性能が実証されたのである。これはまさにテクノロジーの「量子飛躍」だと言える。

量子コンピュータを最初に思いついたのはファインマンさんだ。1981年にマサチューセッツ工科大学で開催された学会の基調講演で、ファインマンさんは、計算量が膨大で、既存のコンピュータでは計算が終わらないような問題を解くのに、量子を使ってシミュレーションすればいいのではないかと提案したのだ。

既存のコンピュータは、イギリスのアラン・チューリングという天才が考え出したものだが、第四次産業革命を担う量子コンピュータは、同じレベルの天才であるファインマンさんが思いついたのである。

『「ファインマン物理学」を読む　普及版』全3巻は、あくまでもガイドブックにすぎないが、役立つガイドブックがあれば旅行がいっそう楽しくなるように、読者が『ファインマン物理学』の世界へと旅立ってくれたら、とても嬉しい。

15年前に単行本を担当してくれた大塚記央さん、数式チェックをしてくれた間中千元さん、そして、新書版を担当してくれた講談社ブルーバックスの柴﨑淑郎さんに心から御礼を申し上げたい。

2020年　初春　裏横浜にて

竹内薫

はじめに――ファインマンさんの人生

伝説の物理学者リチャード・フィリップス・ファインマンについて知らない人はいないだろう。だが、実際にファインマン先生がどのような物理学の業績を残し、どういった経緯で象牙の塔以外のところで名を馳せたのかについては、意外と知られていないのではなかろうか。

ファインマン（1918–1988）

ファインマン先生は1918年5月11日にニューヨークのファー・ロッカウェイ（Far Rockaway）に生まれた。ロシア・ポーランド系ユダヤ人の移民の子孫だ。1939年にマサチューセッツ工科大学を卒業後、名門プリンストン大学に進み、伝説の物理学者ジョン・アーチボルド・ウィーラーの門を叩く。ウィーラー先生は一般相対性理論の大家であった。

この恵まれた環境のせいか、ファインマン先生は、いちばんの専門は量子電気力学（＝量子力学と電磁気学を一緒にした学問）だったにもかかわらず、アインシュタインの一般相対性理論にも造詣が深く、その講義が教科書として出版されてもいる（『ファインマン講義　重力の理論』和田純夫訳、岩波書店。ちなみに、ファインマン流の一般相対性理論＝重力理論の講義も明快で目からウロコの連続だ！）。

ウィーラー先生の影響はきわめて大きかったようだ。もともとアインシュタインの相対性理論は（特殊、一般ともに）「時間と空間」という概念が主役だ。ニュートン以来の古きよき時空概念は、宇宙には、時間の尺度も空間の尺度も一つしかない、という大前提のもとになりたっていた。アインシュタインは、1905 年と 1915 年の二度にわたる「物理学革命」により、このニュートンの宇宙観を覆してしまった。そのアインシュタインの科学思想の忠実な弟子ともいえるウィーラー先生のもと、ファインマン先生は、量子力学を一から書き換える作業に着手した。それまでの量子力学はシュレディンガー流の波動方程式とハイゼンベルク流の行列力学という二大潮流があり、この二つの手法が数学的に同等であることは、ポール・エイドリアン・モーリス・ディラックによって証明されていた。そのディラックの有名な量子力学の教科書の 33 節に載っている注釈程度の文章が、のちに、ファインマン先生の手によって「量子力学の第 3 の定式化」として物理学界を席捲することになる。それは「経路積分」といわれるもので、早い話が、「量子は、時空のあらゆる経路をさまざまな確率で通る」という内容だ。あらゆる経路について足しあわせると「量子力学」になるのである（その後の素粒子物理学も宇宙論も超ひも理論も、物理学の最前線では、ほとんどファインマン流の第3の量子力学の方法が用いられている！）。

私も学生時代にファインマン先生の論文（非相対論的量子力学への時空的アプローチ、Space-Time Approach to Non-Relativistic Quantum Mechanics, *Review of Modern Physics*, Volume 20, p.367–387, 1948）を何度も読み返した憶えがある。当時は、それが何の役に立つのか、皆目見当がつかなかったが、今になってみると、現代物理学の論文をまともに読みこなすためには、ファインマン流の経路積分がわからなければお話にならなかったのである。

1941年から42年まで、ファインマン先生は、プリンストン大学の原爆計画のメンバーだった。その後、ニューメキシコに秘密裏につくられたロスアラモス研究所で45年の終戦までマンハッタン計画に参加する。ここでハンス・ベーテの指揮のもと、ファインマン先生は、原爆のエネルギー計算から他の細かい計算までを一手に引き受けてグループ・リーダーとして仕事をした（原爆開発直後のファインマンの歓喜と広島と長崎での殺戮（さつりく）後の心境については前著『「ファインマン物理学」を読む　電磁気学を中心として』をご覧いただきたい）。

戦後、ファインマン先生はコーネル大学の準教授に就任し、1950年からは終生カリフォルニア工科大学の教授として活躍した。

当初、ファインマン先生の第3の量子力学の手法は、シュレディンガーとハイゼンベルクの方法と同等だったが、相対性理論と矛盾せず、量子に特有の「スピン」という概念をも包み込むディラック方程式までには拡張されていなかった。

だが、ファインマン先生の経路積分の方法は、じきにディラック方程式の守備範囲までもあつかうことができるようになり、その過程で「ファインマン図」という「量子力学の計算を図を描いて機械的におこなう方法」を編み出して、計算の奴隷と化していた多くの物理学者と大学院生たちを救うこととなる。

その後、本書にも登場する（やはり伝説の物理学者）レフ・ダヴィドヴィッチ・ランダウの超流動の理論を量子力学を用いて説明することに成功したり、同じカリフォルニア工科大学の同僚でライバルでもあったマレイ・ゲルマンとともに「弱い核力」と呼ばれる素粒子の相互作用を解明した。また、そのゲルマンの命名で有名になった「強い核力」と関係するクオークの研究でも、実験物理学者との緊密な連携プレーによって大きな貢献をした。

column

ファインマン先生の先生、ウィーラー

ウィーラー先生（1911–2008）は、そのユニークな人柄と突飛なアイディアで、長年、物理学界の人気者だった。ノーベル賞こそ取っていないものの、「Gravity」という電話帳のような一般相対性理論の教科書を書いたことでも有名で、また、「ブラックホールには毛がない」とか「時空の泡」などという物理現象のネーミングでも定評がある。

ブラックホールに毛がないというのは、ようするに、「ブラックホールになる前の星は毛がフサフサし

ていたのに、ブラックホールになったとたんに毛がなくなってツルツルになっちゃった」

という意味である。つまり、星のときは、化学組成や森林や生命や山や海といった、その星を特徴づける複雑な性質（＝毛）をもっていたのに、それが年をとってブラックホールになると、毛が抜けてしまって、

1　質量

2　電荷

3　角運動量

という3つしか性質が残らない、というのである。これは立派な物理学の定理だが、ウィーラー先生の絶妙なネーミングによって有名になった。

　なお、ウィーラー（Wheeler）はホイーラーと読むこともある。

　さて、本書は『ファインマン物理学』全５巻（岩波書店刊）の全貌を読み解きながら希有の天才物理学者リチャード・ファインマンの「思想」に迫るのが目的だ。量子力学・相対性理論の巻と電磁気学の巻に続いて、本書では、力学・熱力学と「その他の話題」を扱うことにした。

　もっとも、その他の話題といっても、実は、「その他」とは言い難い。現代物理学・エンジニアリングの最前線で活発な研究が行なわれている量子コンピュータや、進展著しい宇宙論と密接に関連した一般相対性理論などがファインマン流にどのように料理されるのかをご紹介したいのである。

　目からウロコが落ちる、という言葉があるが、ファイン

マン先生の講義の数々は、独創的な科学思想に裏打ちされているために、まさに驚きと感動の連続なのだ。

ところで『ファインマン物理学』第１巻の冒頭には、この伝説的な教科書シリーズが成立したいきさつが書いてある。もともと、この教科書の著者はファインマン先生だけでなく、レイトン、サンズの二名が併記されている。レイトンとサンズはともにファインマン先生の同僚の物理学者で、この教科書の編者なのである。

ファインマン先生は授業をやった。その録音とノートを元にレイトンとサンズの二人が長い時間をかけて編集をしたのである。その苦労についてレイトンは次のように語っている。

> 話し口調のものを目で読むかたちに直すということは、編集のたいへんな仕事であった。内容を並びかえたり直したりすることもときには必要であったが、そういうことがなかったとしてもたいへんであった。そのうえ、この仕事は単なる編集者とか、大学院学生などのできうることではなく、講義一つについて物理教官が 10〜12 時間くらい細心の注意を払ってはじめてできることなのである！

（1 巻　まえがき　viii ページ）

私のように本や教育の仕事に携わっていると、「単なる編集者」とか「大学院学生など」という表現は引っかかるが、ようするにレイトンが言いたかったことは、『ファインマン物理学』の内容が専門的すぎて、物理学者でないと編集作業そのものが不可能だった、ということなのだ。

私は、いつも本の仕事は著者と編集者の二人三脚だと感じているし、物理学や文章の書き方などを生徒さんに教えていても、教える側と教わる側の共同作業だと考えている。その意味で、この『ファインマン物理学』という本は、ファインマン先生という天才物理学者だけがなしえた仕事ではなく、その周囲にいた同僚や学生たちを含めた広大な共同作業の結果なのだなあ、と改めて感心している次第だ。

私はこのところ、朝日カルチャーセンターで『ファインマン物理学』の講読を続けてきたが、冬学期、春学期、夏学期、秋学期、冬学期の1年3ヵ月をかけて、ようやく全5巻を読み切りつつある。参加してくださった生徒さんたちも大変だったろうが、教える側の私も、毎週のように丸一日を費やして『ファインマン物理学』の講義箇所を熟読して、授業の資料をつくって、まるで学生時代に戻ったかのような錯覚を覚えた。

本書は、読本の3巻目になるが、カルチャーセンターにおける1年以上にわたる授業を振り返って、言い残したことや、後から気づいたことなども含めて、いわば総集編のような形でまとめてみたい。

「ファインマン物理学」を読む
力学と熱力学を中心として
普及版

目次

The Feynman

「ファインマン物理学」を読む

力学と熱力学を中心として

READING
"THE FEYNMAN LECTURES
ON PHYSICS"

普及版

The Feynman

第1章

時間+空間+力 =力学

READING
"THE FEYNMAN LECTURES
ON PHYSICS"

The Feynman

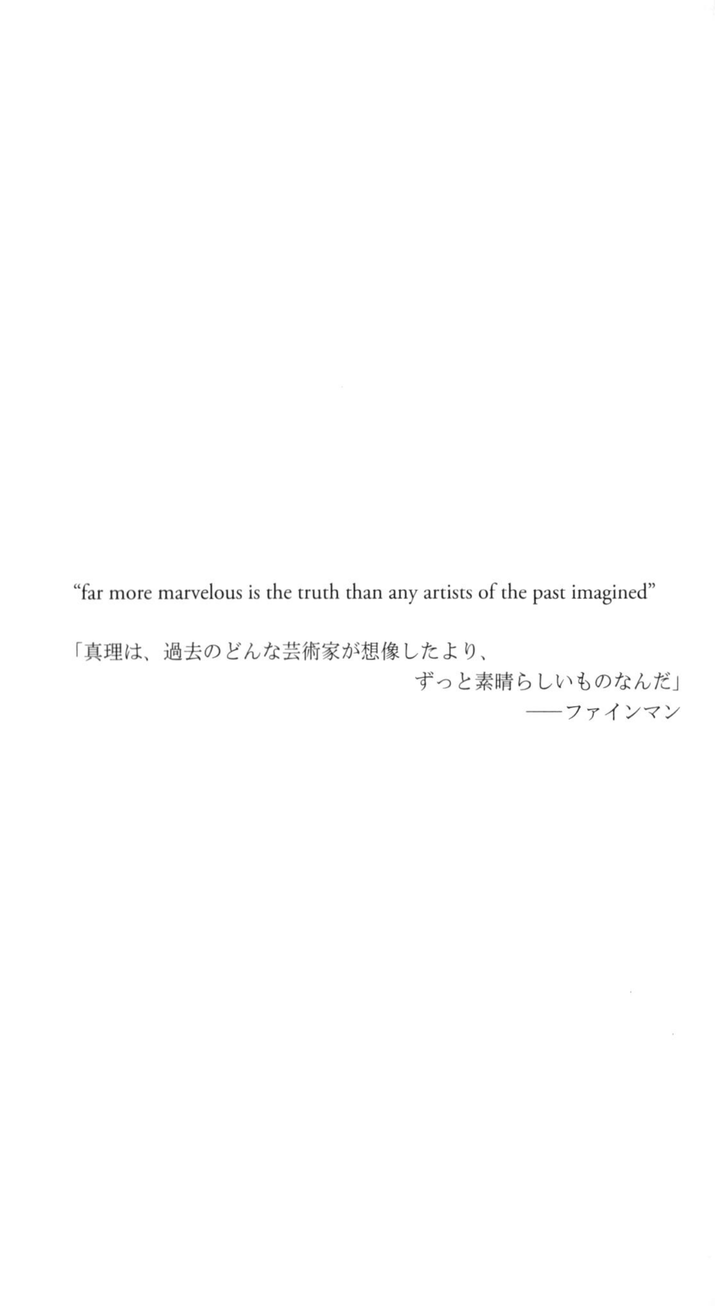

"far more marvelous is the truth than any artists of the past imagined"

「真理は、過去のどんな芸術家が想像したより、
ずっと素晴らしいものなんだ」
——ファインマン

◆力学ことはじめ

第1巻の力学は、ある意味、オーソドックスなニュートン力学の紹介になっている。途中にアインシュタインの相対性理論の章が挟まれているが、それも通常の力学の教科書と同じである。ざっと目次を眺めてみると、

第1章　踊るアトム
第2章　物理学の原理
第3章　物理学と他の学問との関係

などとなっていて、最初の導入は、かなりゆっくりしていることがわかる。特に第2章を細かく見てみると、

2–1　はじめに
2–2　1920年以前の物理学
2–3　量子物理学
2–4　原子核と粒子

という具合に1920年以前の「古典物理学」とそれ以降の「量子物理学」がハッキリと区別されている。

ところで、そもそも、古典物理学とは何だろう？

森羅万象が演じている“舞台”は、ユークリッド幾何学の3次元の**空間**であって、**時**と称する流れにそって、物事が変化している。舞台の上にあるのは、例えば原子といったような**粒**であって、それぞれ**特性**をもっている。

特性というのは、第一に慣性である：一つの粒が運動しているとすると、**力**がそれにはたらかない限り、同じ方向に運動しつづける。第二は力である。

（1巻　2–2　19ページ）

これは、ある意味、われわれの大多数が「日常生活」とからめて常識的に理解している世界のありかただ。空間は3つの方向に拡がるから3次元と呼ばれ、時は流れ、物は原子のような粒からできていて、粒には力がはたらいている――。

ここで話が終わっていれば、世界の人々は幸せであった。世界は堅くて手で触ることのできる「モノ」からできていて、物理学のなすべきは、そのモノ同士にはたらく力や法則を予測して実験で検証することだけだったのだから。だが、いじわるな自然は、われわれがこのような世界に安住することを許してはくれなかった。

ファインマン先生は、この一般常識としての世界について、ニュートンの万有引力やマクスウェルの電磁気などの概要を説明した後、非常識で不確実でいじわるな物理世界の話、すなわち「現代物理学」の領域へと解説の筆を進める。

この奇妙な行動を説明するのが、1920年直後に発展した**量子力学**である。3次元空間としての空間観があり、そしてそれと別のものとしての時間観があるという考えは、アインシュタインによって変更され、時空間という一つのものに統合された。そして次に、引力をあらわすために、**曲率のある**時空間に統合されたのであった。これは 1920 年のすこし前のころであった。

（1 巻　2–3　24 ページ）

ここで「奇妙な行動」と言われているのは、電磁場において波の周波数が高いとき、それが波ではなく粒のようにふるまう、という事実だ。1920 年代以前の古典物理学の常識では「波」だとしか考えられないのに、実験をしてみると「粒」のように見えてしまう奇妙な代物（しろもの）。それが量子なのである。

ここら辺の事情は、少しばかり解説が必要だろう。

物理学における言葉の定義としては、

古典物理学 ＝ 1920 年代以前の物理学
（ニュートン力学、熱力学、電磁気学）

↓

現代物理学 ＝ 1920 年代以降の物理学（量子力学）

というのが標準的な用法になっている。だが、アインシュタインの理論はどうなるのだろう？ アインシュタインは 1905 年に特殊相対性理論、1915 年くらいに一般相対性理論を発見している。はたして相対性理論は古典物理学なのか、それとも現代物理学なのか。

ファインマン先生も、1920 年代という量子力学が確立された時代に重きをおいていて、相対性理論の位置づけが多少あやふやになっているようだ。

こんな見方はどうか。

アインシュタイン
(1879–1955)

アインシュタインが1905年に発見した特殊相対性理論は、適用範囲が「等速運動」という特殊な場合に限られていた。その後、1915年から16年にかけて、アインシュタインは適用範囲の広い一般相対性理論をつくることに成功した。それまで等速運動に限られていた理論の適用範囲は、加速度運動やさらに一般的な運動にまで拡張され、惑星や恒星や銀河や宇宙全体を論ずることが可能になった。ということは、アインシュタインの理論が最終的にニュートン力学に「取って代わった」のは、1905年ではなく、一般相対性理論が完成した1915年以降だと考えることができる。

つまり、アインシュタインによる静かな革命は1905年に始まり、それが完結したのが1916年頃であり、通常の「現代物理学」の始めとされる1920年代にきわめて近いのである。

このように考えてみると、現代物理学の始めとされる1920年代は、あくまでもシュレディンガーとハイゼンベルクによって量子力学の方程式が完成をみた年代なのであり、量子力学が確立する以前の「量子論」の端緒は1900年のプランクの黒体放射の公式の発見にまで遡(さかのぼ)ることができる。そして、1905年には、アインシュタインが「光も量子の一種である」という「光量子仮説」を発表しているのである。

整理してみよう。

革命以前　　**古典物理学**（1900年以前、ニュートン力学、熱力学、電磁気学）

↓

革命進行期　**相対論と量子論**（1900年〜1920年代）

↓

革命後　　　**現代物理学**（1920年代以降、量子力学、一般相対性理論）

いかがだろう？ 20世紀の物理学の二大革命は相対論と量子論であり、古典物理学はアンシャン・レジーム（＝旧体制）なのである。この革命は車の両輪のごとく歩調をあわせながら、ほぼ四半世紀の月日をかけて徐々に進行し、革命後の新体制は、量子力学と一般相対性理論の二つが支えている——。

だから、通常の科学史の分類のように、相対性理論を古典物理学に分類するよりも、量子力学と（一般）相対性理論を一緒にして「現代物理学」に分類したほうがスッキリするのだ。

ポイントは、学問の世界における革命が、一朝一夕（いっちょういっせき）にしてなされたのではなく、30年近い年月を通じて静かに確実に進行した、ということだろう。

実際、現代の理論物理学の最前線に目を転じてみれば、そこには、量子力学と一般相対性理論を統合しようとする闘いが見られる。超ひも理論もループ量子重力理論もその他の試みも、すべてが量子力学と（重力理論である）一般相対性理論の統合を目標としているといっても過言ではない。

column

超ひもとループ

量子力学とアインシュタインの重力理論の統合は、物理学者の長年の夢だが、最近、その有力候補として浮上しているのが超ひも理論とループ量子重力理論だ。

超ひも理論は、点ではなく「ひも」から始めて理論を構築する。時空の中でひもが振動するのである。あらゆる素粒子は、ひもの振動状態だと考える。超ひも理論は10次元や11次元といった、想像を絶する高次元の時空を必要とする。現在、われわれの目の前には3次元の空間と1次元の時間しかないように見えるが、実は、小さく丸まって見えなくなってしまった7つ（または6つ）の次元が存在するのだそうだ。

ループ量子重力理論は、通常のアインシュタインの重力理論（＝一般相対性理論）から始めて、それを量子力学にする。ただし、時空は、もはや滑らかではなくなって、飛び飛びの格子(こうし)みたいになってしまう。「格子」というのは冗談でなく、ループ量子重力理論は、あらかじめ時空の存在を仮定しない。ちょうどインターネットのような抽象的なネットワーク構造から始めて、そこから二次的に「時空」という概念が派生する仕組みになっている。

今のところ、両者には一長一短あって、最終的にどちらが真の量子重力理論として生き残るのか、予測がつかない。

宇宙の森羅万象を記述する究極理論へのレース、これからの進展に目が離せませんな。

ファインマン先生は、物理学の歴史を語ったのち、他の学問との関係を詳細に考える。それが第１巻第３章の「物理学と他の学問との関係」の内容だ。たとえば物理学は数学とどうちがうのか？　あるいは生物学や心理学とは関係ないのか？

> すべての学問のうちで、物理学はいちばん基礎的かつ包括的であって、あらゆる学問の発展に大きな影響を与えてきた。昔、自然哲学と称せられるものがあった！我々の近代科学はそれから生まれてきたものなのだが、物理学は今日ちょうどそれにあたる位置を占めている。物理学はあらゆる現象で基礎的の役目を演ずるので、他の学問分野の研究者たちも、それを勉強している。
>
> （1巻　3–1　33ページ）

まず、ファインマン先生は、物理学が、あらゆる科学分野の基礎である点を強調する。たしかに、現代の学問の分類でも、化学物理学とか生物物理学という「ナントカ物理学」という分野がたくさん存在する。こういった学問は、すべて、物理学的な手法を用いて化学や生物学やナントカ学を研究するのである。それが可能なのは、物理学の手法が、きわめて基礎的であるがゆえに、さまざまに応用できるからにほかならない。

ただし、物理学でつかわれる数学は、ちょっと話がちがう。考えてみると物理数学というのはあるが、数学物理というのはないではないか（そんなことを言ったら、物理工学はあるじゃないか、と反論されそうだが、もちろん、最後の例では、工学が物理的手法を使うのである。ここで論じているのは言葉の語順ではなく、あくまでも、「どちらが基礎的か」という問題だ)。

> 我々の見方からすれば、数学は自然科学でないという意味で、科学ではない。数学の正否をためすのは実験ではない

(1巻　3–1　33ページ)

なるほど、あらゆる科学の基礎である物理学は、数式で書かれていて、当然のことながら数学のお世話になっている。だが、数学自体は（物理学にとって）あくまでも「言葉」なのであり、自然を研究していないから「科学」ではない。

この点は、ノンフィクションとフィクションを比べてみるともっとよく理解できるかもしれない。自然をそのまま扱う科学は、事実をそのまま扱うノンフィクションなのである。それに対して、数学という学問は、自己完結した世界であり、論理が破綻（はたん）していないかぎり何をやってもいいのであり、何をやってもいいということはフィクションということなのだ。

本書のような科学書はノンフィクションだから自然科学と近く、(私の分身である湯川薫が書く）小説はフィクションだから数学に近いのである。

物理学≒ノンフィクション

数　学≒フィクション

あ、これは私のイメージなので、ファインマン先生の世界観とは少しちがうかもしれません、あしからず。

さて、物理学と他の学問の関係は導入部分であって、『ファインマン物理学』の本論ではない。そこで、次のような、いささかロマンチック（あるいはロマンチックでない）逸話を引用して、本論へと移ることにしよう。

もっとも印象的な発見の一つは、星をたえずもやし続けているエネルギーの源泉である。星を輝かせるのには星の中で**核反応**が起こっているに違いない、ということに考えついた発見者の一人は、夜、彼女と外に出ていた。“なんて星がきれいなんでしょう”と彼女がささやく。彼はいった“そうだね、だけど星が**何故**光るのか、そのわけを知っているのは、いま世界中で僕一人だけなんだ”、それを聞いて彼女はニッコリするだけであった。何故星が光るかを知っているというただ一人の男とその瞬間にいっしょに歩いているということには、彼女は別段感興を示さなかった。たった一人というのはあわれなものである。しかしこの世界はそういうものなのである。

（1巻　3-4　43ページ）

この部分は物理学と天文学との関係を語っている。原文ではニュアンスが少しちがうように感じるので、僭越（せんえつ）ながら竹内節で部分的に意訳してみよう。

それを聞いて彼女は笑い飛ばした……たった一人とは哀しいが、それが人生ってことさ。

失礼しました。「*laugh at*」というのはニッコリというよりは「あんた、何バカなこと言ってんのよ」と笑い飛ばすのに近い感じだと思っただけ。特に岩波版の翻訳に文句があるわけではない。あしからず。

◆エネルギーと腕白デニス

第4章の「エネルギーの保存」からが第1巻の本題だ。

とはいえ、エネルギーという概念は、素人だけでなく物理学の専門家にとっても一筋縄ではいかない代物。そこで、ファインマン先生は、アメリカの古きよき時代の漫画「腕白デニス」を例に説明を始めるのである。

腕白デニスのような子供がいて、28個の積木で遊んでいる。デニスは腕白なので、積木は散乱し、おもちゃ箱の中に放り込んであるかと思えば風呂桶に水没していることもある。また、腕白でいじわるなので、お母さんを困らせてやろうと思うから、おもちゃ箱をお母さんに覗かせない。でも、お母さんは「積木の保存則」を知っている。つまり、積木がどこに隠れていようとも、その総数は28個で不変ということだ。仮におもちゃ箱に隠れているとしたら、その重さを量れば中に紛れ込んでいる積木の数はわかる。風呂桶に水没しているのなら、水の高さを量ればいい。お母さんは数学が得意なので、

$$\left(\begin{array}{l}\text{外に出ている}\\\text{積木の数}\end{array}\right)+\frac{(\text{箱の目方})-16\text{ オンス}}{3\text{ オンス}}+\frac{(\text{水の深さ})-6\text{ インチ}}{1/4\text{ インチ}}=\text{一定}$$

という公式（積木保存の法則）を編み出す。

そこで積木とエネルギーのアナロジーはこういうことになる。第 1、我々がエネルギーを計算するときに、そのエネルギーの一部分が、考えている系から出て行ってしまったり、また若干のエネルギーが入って来たりすることがあるが、しかしエネルギー保存を証明するのには、考えている系に何も入れなかった、また何も取り出さなかったという条件が大切である。第 2 に、エネルギーにはちがった形のものがたくさんあるのであって、おのおのに対してそれぞれ計算式がある。すなわち：重力エネルギー、運動エネルギー、熱エネルギー、弾性エネルギー、電気エネルギー、化学エネルギー、輻射エネルギー、核エネルギー、質量エネルギー等である。これらのおのおのの量を求めて全部加えあわせると、エネルギーの出入りがなければ、答はいつも一定なのである。

（1 巻　4–1　50 ページ）

つまり、

$$\text{外に出ている積木の数}+\text{おもちゃ箱の中の積木の数}+\cdots=\text{一定}$$

という「積木保存の法則」は、ちょうど、

重力エネルギー＋運動エネルギー＋熱エネルギー
＋・・・＝一定

というエネルギー保存の法則と同じだというのである。非常にわかりやすい説明だ。しかし、このわかりやすい比喩の直後に、ファインマン先生は、

エネルギーとは何だろうか。それについては、現代の物理学では何もいえない。このことは頭に入れておく必要がある。

（1巻　4–1　50ページ）

と、読者の度肝を抜く。腕白デニスの積木と同じくらいわかりやすいはずの「エネルギー」は、実は、その正体が不明だというのである。それは何か抽象的で、常に総量が一定な何かなのだが、その正体を訊（き）かれても物理学者は答えることができない。正体は不明だが、エネルギーの総量が一定だ、という方程式は存在する。方程式が存在して実験と合うのだから、それは物理学の問題なのだ。
やれやれ。

column

正体不明のダーク・エネルギーが宇宙の命運を握る

エネルギーというのは物理学の公理のようなものなので、逆に意味がわかりにくかったりする。エネルギーはいろいろな形態をとる。アインシュタインの

$E = mc^2$ という式によれば、質量もエネルギーの一形態にすぎない。

最近の宇宙論で話題になっているのがダーク・エネルギーだ（ダークマターではない）。文字通り「暗黒エネルギー」ということで、光で見えない特殊なエネルギーのこと。その正体は、どうやらアインシュタインが 1917 年に思いついた「宇宙定数」というものらしい。通常のエネルギーは、

1　引力（＝重力）
2　正の圧力

によって特徴づけられる（「正の圧力」は通常の物質がもつ圧力のこと）。質量やエネルギーがあれば、重力がはたらいて、物体と物体は引きつけ合って収縮する。万有引力である。宇宙にエネルギーが充ちていれば、宇宙は「重い」ので、いずれは膨張が止んで収縮に転ずるであろう。

だが、1998 年に遠くの超新星を観察していた天文学者たちが奇妙な現象に気がついた。そもそも、宇宙の遠くを見るということは、宇宙の過去の姿を見ることにほかならない（星からの光は時間をかけて地球までやってくるから！）。天文学者たちは、遠くの超新星の動きを観察していて、どうやら、今から 50 億年ほど前に宇宙は減速膨張から加速膨張へと転じたことを知った。

ビッグバンの勢いによって、宇宙は 138 億年近くも膨張を続けている。最初のうちは、それでも物質の

存在によって、宇宙全体に引力がはたらいて、膨張には歯止めがかかっていた（ビッグバンによる膨張の勢いと、物質が重力によって収縮しようという力の鬩（せめ）ぎ合い！）。だが、最近になって、その歯止めがかからなくなって、宇宙は加速度的に膨張していることがわかったのだ。

自転車で坂を下っていて、途中まではブレーキが効いていたのに、ある時点でブレーキが効かなくなって、どんどん加速しているような感じ。

これは、宇宙が大きくなって、銀河どうしの距離が遠くなりすぎて、重力が効かなくなってしまったからなのだ。

だが、坂を下る自転車にとって、加速の原因が「坂」であるように、宇宙にも加速の原因がある。それが、「宇宙定数」といわれるもの。宇宙定数もエネルギーの一種だが、

1　斥力
2　負の圧力

という奇妙な性質をもっている。時空に均等に分布しているので「真空のエネルギー」と呼ばれることもある。いわば「万有斥力」である。負の圧力というのも変に聞こえるが、たとえばバネを引っ張ってから放すと縮むのに対して、バネを縮めてから放すと伸びることからわかるように、圧力が逆さまというのはありうる。

今のところ、宇宙の全エネルギーの 73％くらいは

ダーク・エネルギーが占めるという観測結果があるものの、ダーク・エネルギーの正体は、依然として不明のままだ。

◆ステヴィヌスの墓銘

エネルギー保存の法則の典型的な例を見るために、次の図のような「つりあい」の問題を考えよう。

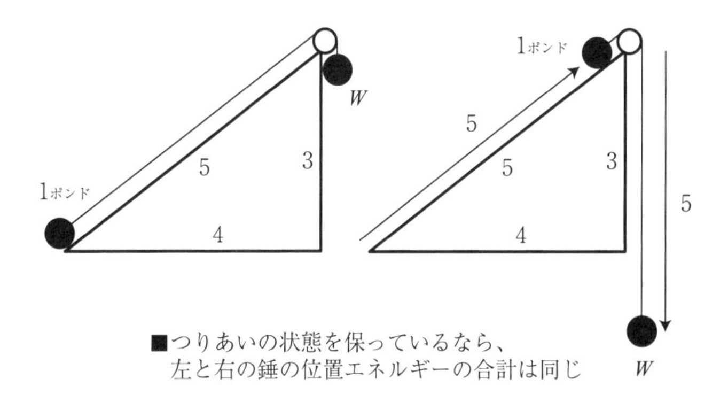

■つりあいの状態を保っているなら、
左と右の錘の位置エネルギーの合計は同じ

つりあっているということは、少し動かしてもつりあったまま、ということだ。図の左と右を比べると、重さ W の錘（おもり）が高さ５だけ下に動くと重さ１ポンドの錘が高さ３だけ上に動いたことがわかる。重力エネルギー（＝位置エネルギー）は、

$$\begin{pmatrix}\text{一つの物体の重力による}\\\text{位置エネルギー}\end{pmatrix} = (\text{重さ}) \times (\text{高さ})$$

という具合に重さに高さをかけたものだから、左の錘の位置エネルギーが減ったぶん、右の錘の位置エネルギーが増えて、全体としてはエネルギーが一定なのだと考えられる。すなわち、

$$W\,(\text{ポンド}) \times 5 = 1\,(\text{ポンド}) \times 3$$

$$\therefore \quad W = 3/5\,(\text{ポンド})$$

と左の錘の重さが計算できるわけだ。

これは通常の計算法だが、ファインマン先生は、同じ問題をもっと面白い考え方で計算する方法を教えてくれる。ステヴィヌスという人のお墓に刻まれているのだそうだ。

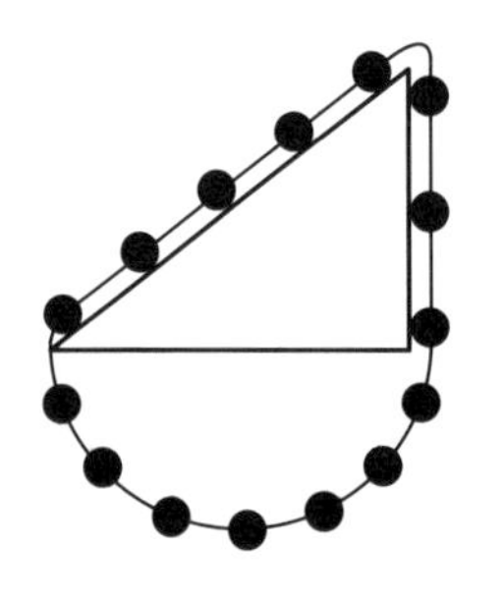

■ステヴィヌスの墓に描かれている図

くさりはグルグルとまわりつづけることはないということから、W は 3/5 ポンドでなければならないことがわかるのである。下にたれ下がっているくさりは、自分でつりあっていることは明らかである。だから、一方でおもり五つがひっぱっているのと、他方でおもり三つがひっぱっているのとがつりあっているに相違ない。辺の長さの比が何であっても同じことである。この図を見ると、W は 3/5 ポンドでなければならないことがわかる。(諸君の墓石にもこのような銘を入れたらすてきだ。)

(1 巻　4–2　54 ページ)

column

ステヴィヌスって誰？

ステヴィヌスは1548年に（今のベルギーの）フランダースに生まれ、1620年にオランダのハーグで死んだ数学者だ。当時のオランダは、いまだスペインの圧政下にあった。ステヴィヌスは、ライデン大学で、オレンジ公ウィリアムの次男、ナッソー伯マウリッツと知り合い、友人兼補佐官として、スペインとの戦いに臨むことになる。

オレンジ公ウィリアムは新教徒（プロテスタント）だったが、1584年に（親スペインの）カトリック教徒により暗殺されてしまう。ウィリアムの長男はスペイン派だったため、次男のマウリッツが担ぎ出されて、スペインとの激しい戦いが始まった。

ステヴィヌスは、人工的に洪水を起こしてスペイン軍を蹴散らしたり、今でいうところの技術将校（というか将軍）として友人のマウリッツを大いに助け、やがて、スペイン軍を撤退へと追い込んだ。

数学者としては、ヨーロッパに初めて「小数」を導入したり、（当時は秘密にされていた）利子計算の表を作成して公表したり、ガリレオに先立つこと３年、1586年には、デルフトの教会塔から重さのちがう鉛を落とす実験を行ない、
「重さがちがっても同時に落ちる」
ことを検証して、アリストテレスの過ちを正した。

うーん、こんな人、いたんですな。ガリレオより先に球を落としていたとは、ちょっと驚きです。

◆時間とはなんぞや……ではなく、時間はどうやって測るか

第1巻の第5章は「時間と距離」である。いわば力学の舞台のお話である。通常、時間や距離について語るときは、その定義から始める。まず、それが何であるかをハッキリさせてから、その属性へと話を進めるのが順当なように思われる。

だが、ファインマン先生は、

> ほんとに大切なことは、時間をどのように**定義する**かということではなくて、どのようにして測るかということなのである。時間を測る一つの方法は、規則正しく何遍も何遍もくりかえすなんらかの現象——何か周期的な現象——を利用することである。
>
> (1巻　5–2　62ページ)

と述べる。物理学においては定義よりも測定方法が重要だというのである。もちろん、これが哲学と物理学の差なのである。時間の文献に必ず登場するアウグスティヌスは、時間の不可解な性質に頭を悩まし、

「だれも私に問わなければ、私は（時間とは何かを）知っている。しかし、だれか問うものに説明しようとすると、私は知らないのである」

と語るのであるが、物理学者は、時間の定義には拘泥（こうでい）しない。それは、もしかしたら、考える価値があるものなのかもしれない。あるいは、考えても結論がでないような種類

の問題なのかもしれない。たとえば、宇宙でいちばん（原理的に）短い時間のようなものを考えることだって可能だろう。だが、物理学では、「それは測ることができるか」ということを問題にするのである。いいかえると、原理的に測ることができないものは、物理学においては研究対象とならないのである。

column

超ひもは測定可能だろうか？

こんなことを書くと、すぐに「現代物理学の最先端で研究されている超ひもは測定不可能なほど小さいそうだが、超ひも理論は物理学ではないのか？」などと言われてしまいそうだ。

結論からいうと、いちばん大きな宇宙やいちばん小さな素粒子（＝超ひも）の場合、そう簡単には測定ができない。では、宇宙や超ひもは物理学の研究対象でないかといわれれば、無論、そんなことはない。宇宙論も超ひも理論も立派な物理学の研究分野になっている。

こういうことだろう。

宇宙論は、つい最近までは観測精度が充分ではなかったため、たくさんのモデル（仮説）が混在していた。たとえば、宇宙は無限に大きくて開いているのか、有限で閉じているのか、といったようなことも完全にはわかっていなかったし、宇宙の始まりも行く末も不確定なままだった。ところが、ここ数年の天文観測の飛躍は目を見張るばかりで、宇宙開闢時の様子や、これからの宇宙の運命なども、かなりよくわかってきた。

つまり、宇宙論は、「原理的には測定可能だった」のである。ただ、測定（観測）技術が理論に追いついていなかったために、これまではたくさんの仮説が林立して、絞り込みができていなかったわけ。

同じように考えるならば、宇宙で最も小さいはずの超ひもにしたって、いずれ、なんらかの方法によって実在が確かめられると予想されるのであれば、今のうちに理論を検討することに、なんら問題はない。

ただ、本当に超ひも理論の予測が測定可能なのかどうか、たしかなことはわからない（いくつかの実現できそうな実験の提唱はあるが……）。

また、現代物理学がどんどん数学的に難しくなってきていて、徐々に人間の直観からかけ離れて行くように見えることも事実だ。

私は、そんな現代物理学の情況を「モノからコトへ」という標語で分析している。数学は「自然」科学ではないが、最近の物理学では、数学と物理学の境界線があいまいになってきているのだ。

いずれにせよ、いまのところ、超ひも理論は、「将来は測定可能になるであろう」という希望的観測のもとで物理学の一分野であり続けるにちがいない。

物理学における「時計」の代表例は、たとえば地球の自転とか柱時計の振子のような周期的な現象だ。くりかえす現象を時間の単位として使えば、「その現象が何回くりかえしたか」で時間を測ることができる。

時間の測定方法で物理的に面白いのは放射能を応用したものである。放射能というのは「放射する能力」という意味で、何を放射するかといえば、高エネルギーの光子や電子や中性子や原子核といった「素粒子」である。

たとえば放射性物質として有名やウラン 235 は、放っておくと７億年という寿命で崩壊して、別の物質に変わるのだが、その際に中性子とガンマ線を放出する。放射性物質は、その種類によって寿命が決まっているから、放射能を調べることにより「どれくらい時間がたったか」がわかる。

■主な放射性物質の半減期

ヨウ素131	コバルト60	セシウム137	ラジウム226
8.04日	5.27年	30.0年	1600年
炭素14	プルトニウム239	ウラン235	ウラン239
5340年	2.4万年	7億年	45億年

■炭素14の崩壊

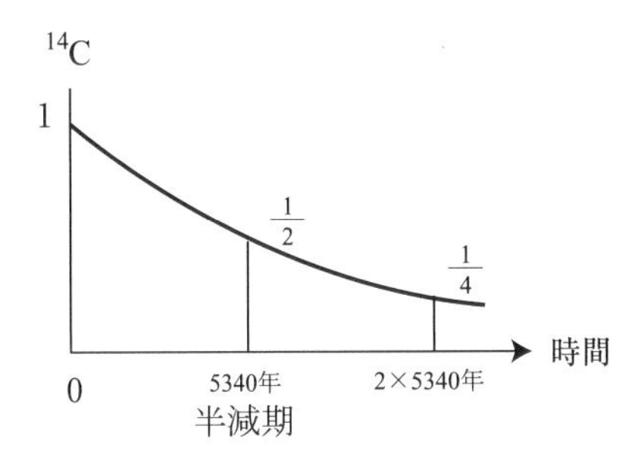

長い時間を測るときに、年数を数えることができないという場合には、他の測定法をみつけなければならない。そのなかで、最も成功した方法の一つは、放射性物質を“時計”として使うということである。この場合には、日とか振子とかいう周期的現象はないけれども、また別の種類の“規則性”がある。ある種の物質のサンプルを一つとってその放射能を測ると、その年代が一定の長さだけ古くなると、**一定の割合**で強さが減少することがわかっている。

(1巻　5–4　65ページ)

目の前にある放射性物質（たとえば炭素14＝通常の炭素よりも中性子を二つ余計にもっている「重くて不安定」な炭素のこと）が具体的に「いつ」崩壊するかは誰にもわからない。神様でもご存知ない。それは確率的にしか決まらず、古典力学ではなく量子力学によって「崩壊する確率」が計算される。

だが、放射性物質をたくさん用意すれば、そのうちの半分が崩壊するまでにかかる時間は決まる。いいかえると「平均値」を求めることは可能なのだ。放射性物質が半減するのにかかる時間を「半減期」という（精確にいうと、放射性物質の種類さえ決まれば、それが半分になるまでにかかる時間だけでなく、1/4になる時間も見積もることができるし、100分の1になるまでの時間もわかる）。

よく考古学や古生物学の研究で「放射性同位体炭素14の測定から年代が判明した」というような新聞記事を目にするが、自然界には、微量の放射性同位体（＝同位体とは、通常の物質と同じ化学的性質を示すが、重さがちがっているもののこと）が存在しているので、遺物に残っている炭素 14 の量を測れば年代が予測できるのだ（実際には、植物の光合成などの知識が必要になるが！）。

ところで、一日や何十万年というような長い時間はいいとして、短い時間はどうやって測ればいいのだろう？

> つい最近までは、地球の周期よりももっと一定であるというようなものは知られていなかった。それで、すべての時計は 1 日の長さをもととして、1 平均日の 1/86400 を 1 秒ときめてきた。近頃、我々はある種の自然振動について経験をつんできたが、それは地球よりももっと恒久的な基本になりそうであり、しかも、それはあらゆる人の手の届くところにある自然現象にもとづくものである。これがいわゆる“原子時計”である。この基本となる周期は原子の振動であって、それは温度その他の外界の状況によってほとんど変わらない。この時計の精度は $1/10^9$、あるいはそれ以上である。
>
> （1 巻　5–5　67 ページ）

現代人が使っているクオーツ時計というのは原子時計の廉価版みたいなもので、クオーツ、すなわち「水晶」の振動を使っている。典型的なクオーツ時計は 6 桁くらいの精度をもっている。その意味は、6 桁、すなわち 100 万秒に 1 秒狂う、ということである。たいした精度のような気がするが、これは 2 週間に 1 秒狂う、ということなので、人によっては不充分だと文句をいうかもしれない。

ファインマン先生が教科書に書いているのは9桁よりも精度が高い、という意味だが、現代の最新の原子時計の精度は12桁とか13桁までいっていて、ようするに1万年とか10万年に1秒しか狂わないのである！

column

日本の原子時計の親玉、JF-1

産業技術総合研究所（な、長い……略して産総研）が開発したJF-1と呼ばれる原子時計は「1次周波数標準器」という名前がついていて、世界に数台しかない世界標準の時計になっている。いわば原子時計の「元締め」みたいな存在だ。

それでは、子分の原子時計がいるのかといえば、「原子周波数標準器」という名前でテレビ局やNTTや携帯電話の基地局やGPS衛星のように精確な時計が必須の場所で使われている。でも、それでも定期的に親分の時計にお伺いをたてて、時計が狂っていないか確かめないとダメなのだ。

ところで、なぜ原子時計が「周波数標準器」という名前なのだろう。それは、原子時計に使われているセシウム原子は、9,192,631,770ヘルツという特定周波数の電磁波（＝マイクロ波）を浴びたときにだけ、その電磁波を吸収して励起状態というエネルギーの高い状態になるのだが、それを利用して時間を決めているからだ。時計といっても、周波数の標準器なのである。もちろん、周波数というのは「1秒間に何回振動するか」という意味なのだから、振子や地球と同じで周期的なくりかえしにほかならない。だから、立派に時計の役割を果たすことができる。

ちなみに、特定の周波数の電磁波だけを吸収する原子の性質はニュートン力学では説明ができず、量子力学が必要になる。

◆距離も測ってみよう

時間の次は距離の測定である。

あたりまえの話だが、日常生活の距離はモノサシや巻き尺で測る。ミリとかセンチとかメートルといった程度の距離である。1メートルの巻き尺しかないときにそれ以上の距離を測るにはどうすればいいか？　簡単である。1メートルの巻き尺をくりかえし、何度も当ててみればいいのである。1メートルの巻き尺を10回当てることができれば、その距離は10メートルである。この辺は、反復現象によって時間を測るのと同じだ。

では、遠くの星のように直接モノサシを当てることがかなわない距離はどうすればいいのか？

天文学の授業で最初に教わるのは「三角測量」である。三角形の1辺の距離と二つの角度がわかれば、未知の辺の長さが計算できる。もちろん、三角関数を使って——。

まず、地球から太陽までの距離がわかっているとしよう。すると、年周視差というものから、遠くの星までの距離も

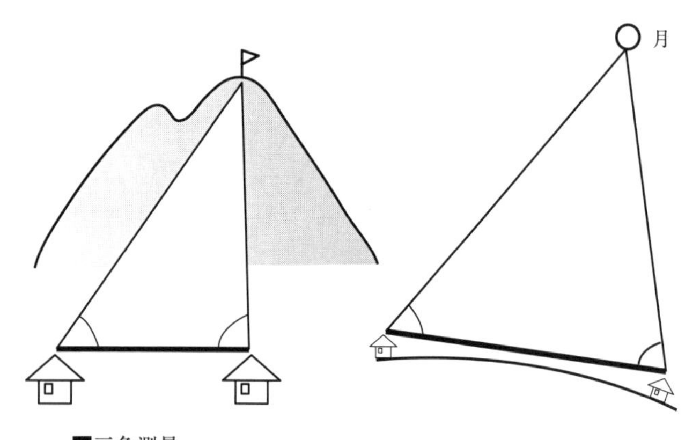

■三角測量
決まった2点間の距離がわかっていれば、そこから別の目標への角度を測れば、目標までの距離がわかる。

測定できるのだ。これは、ようするに半年ごとに地球から星の見える方向（角度）を測ることにより、三角形の底辺と二つの角度がわかるので、三角関数により、三角形の高さがわかるという単純な原理だ。

よく街角の道路の上で三角測量を行なっている作業員の人をみかけるが、天文学者も同じようなことを行なっているわけだ。

星がもっと遠くて三角測量が使えなかったらどうすればよいか？ 天文学者はその距離を測る新しい方法をたえず工夫しているのである。例えば、星の色によって、その大きさと光度とを推定することができるということを見出している。地球の近くにあるいくつもの星——その距離は三角測量によってわかっている——の色と光度

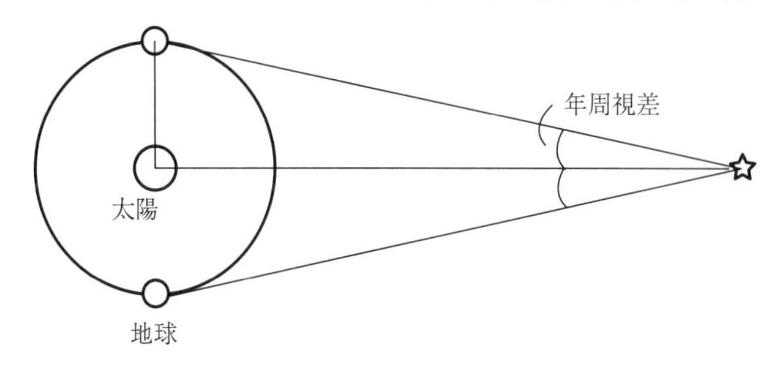

■公転軌道の両端で星の方向の角度を測定することで
軌道の直径と三角法により、星までの距離がわかる

とを測定して、色と絶対光度との間に一つのなめらかな関係（たいていの場合）が成立することが見出された。さてもし遠い星の色を測ったとすれば、色―光度の関係によって、この星の絶対光度がきめられる。そして、地球からみてこの星はどのくらいの明るさに見えるか（どのくらい暗く見えるかというべきであるかも知れない）を測れば、その星がどのくらいの距離にあるかを計算することができる。

（1巻　5–6　69ページ）

ちょっと複雑だが、その星の「本当の明るさ」（＝絶対光度）さえわかれば、それがどれくらい遠くにあるかが計算できる、というのである。

あたりまえだ。

電球が100ワットの明るさであることさえ知っていれば、それが10メートル先にあるのか100メートル先にあるのかは、単純な計算によって推測することができる。

問題になるのは、電球が本当は100ワットなのか50ワットなのか不明な場合だ。なぜなら、明るい100ワットの電球が遠くにあるのと、暗い50ワットの電球が近くにあるのとは、目で感じる明るさからは判断できないからだ。

星の場合、本当の明るさ（100ワットか50ワットか）は、その色からわかるので、色を測定すれば、問題は氷解する。

column

ヘルツシュプルング=ラッセル図

多数の星の本当の明るさを縦軸に、その色を横軸にとってプロットしたものをヘルツシュプルング=ラッセル図（略してHR図）と呼ぶ。この表をみれば、星の本当の明るさと色の間にきわめて規則的な関係があることは明白だ。

■ＨＲ図
主系列星は安定した恒星、赤色巨星は恒星の後期、白色矮星は恒星の晩年の一つ。

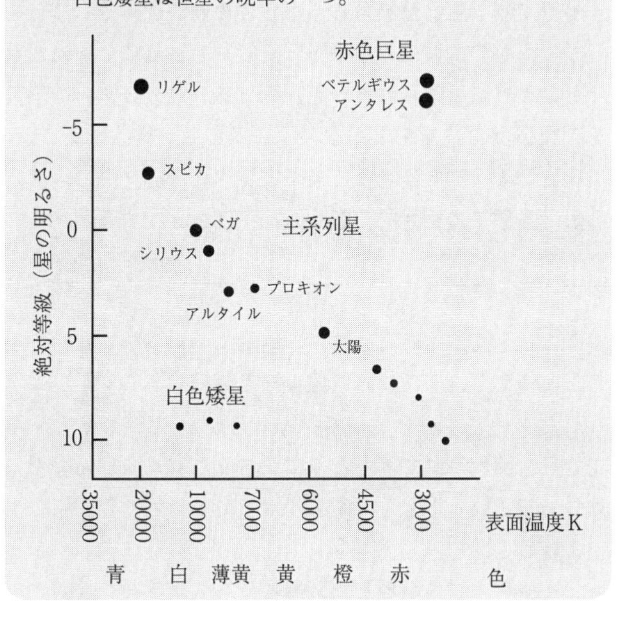

さて、時計のときと同じように、長いモノサシのお次は短いモノサシの話である。星のような長い距離は三角測量やHR図といったものによって測ったが、人間の目に見えないほど短い距離は、どうやって測ればいいだろう？

もともと「見る」というのは可視光の波長をもった電磁波を人間の目がとらえることである（人間に見える最も短い波長はおよそ 4×10^{-7} メートル）。

> 間接的な方法——顕微鏡的目盛に応用した三角測量の一種——を使えば、もっともっと小さなスケールにまでつづけて測ることができる。まずこまかい間隔でしるしをつけたものに波長の短い光（X線）をあてて、それからどのように反射されるかを観測する。これによって、この光振動の波長を求める。次に同じ光を結晶にあてて、それによって散乱される様子を調べ、その結晶の内部における原子の相対的位置を定めることができる。
>
> （1巻　5–7　71ページ）

ちょっと驚きである。街角の測量士や天文学者だけでなく、どうやら、ミクロの領域を扱う物理学者やエンジニアも三角測量の技法を使っているらしい！ こうなると、学校で三角関数が出てきたときに「こんなもん、なんの役に立つんでぇい」などと授業をサボッていたことが非常に悔やまれる。

どうやら、三角関数と三角測量は、人類文化を底辺で支えてくれているようです。

◆万有引力

時間と距離について勉強したのだから、お次は、速度（＝距離÷時間）とか加速度などといった方面の話につながりそうだが、ファインマン先生は、意表を突いて、ニュートンの万有引力の話を始める。

これは、おそらく、時間、距離、速度、加速度、といった（それなりに）抽象的な物理概念の話ばかりが続くと、学生が退屈してしまうからなのだろう。

ファインマン先生の講義は、実に生き生きとしている。私が大学のときに受けた授業の多くは、長い顔をした教授が「あー、時間の無駄だ。教壇に立っている時間を少なくして、本来の仕事である研究に打ち込みたいものだ」というフキダシを見せながら、自分が学生のときにとったノートをそのまま黒板に延々写し続けるという……なんともやりきれないものだった（もちろん、少数の例外はあったが！）。

とにかく、ファインマン先生の人気の秘密の一つは、天才ぶらない点だろう。学生をバカにしていない。熱意をこめて真摯（しんし）な態度で教育に力を注いでいる。

私は、大学における研究は「創る」行為だと思う。だから、大学の先生が研究によって人類の文化を育てていることは、とてもよいことだと思う。だが、学生の教育は、次の世代の人材を「創る」ことにほかならない。だから、教育に力を注ぐことは、直接、物や文化を創ることではないが、人を創ることにより、未来を創っているのではあるまいか。

そのように考えれば、若くて経験が足りない、未熟な学生をバカにすることもなくなり、また、研究と比べて教育を軽視することもなくなるはずだ。

教育とは人を創ることだ！

この国の行く末を思うとき、学生を教える立場にいる方々は、是非、ファインマン先生の授業のことを思い出していただきたい。

おっと、例によって竹内節にはしりすぎた。失礼をば。話を元に戻そう。『ファインマン物理学』第1巻の第7章は万有引力の説明にあてられている。ファインマン先生は、まず惑星の運動の簡単な説明と歴史的な経緯から話を始める。

> 何かを見付けようというときには、深遠な哲学的議論をたたかわすよりも、注意深く実験をする方がよい。この考えに従って、チコ・ブラーエは、コペンハーゲンの近くのヒエン島にある観測所で、何年にもわたって惑星の位置を観測した。そして彼は厖大な表をつくった。チコ・ブラーエが死んだ後は、数学者ケプラーによって研究がつづけられた。ケプラーは、チコ・ブラーエの観測資料から、惑星の運動について、非常にきれいな、驚くべき、それでいてしかも簡単な法則を発見したのである。

（1巻　7–1　91ページ）

チコ・ブラーエは伝説的な学者だ。若気の至りで決闘をして鼻をそぎ落とされてしまい、終生、つけ鼻で過ごした。たしかに、残っている肖像画を見ると、鼻が不自然なことがわかる。

チコ・ブラーエ（1546–1601）

チコ・ブラーエは、現代でいうところの実験物理学者とか観測をする天文学者だった。だから、厖大（ほうだい）なデータを集積したものの、チコ・ブラーエが到達した宇宙像は、天動説と地動説の奇妙な折衷（せっちゅう）案だった。自らのデータに忠実に太陽を惑星運動の中心に据えたものの、キリスト教的な世界観を引きずっていたので、地球だけは太陽の周囲を回らないとしたのである。

チコ・ブラーエの弟子のケプラーは、お師匠の死後、厖大なデータを誰が相続するかで法的に争ったりして大変だったようだが、とにかくデータから帰納的に理論を構築することに成功した。今でいうところの理論屋さんである。

column

占星術師ケプラー

もともと天文学は占星術から発達した。化学が錬金術から発達したのと同じである。ケプラーは、だから、現代人がイメージするような「科学者」ではなかった。いまだ、科学と迷信とが混在する時代に生きていたからである。

■チコ・ブラーエの折衷宇宙
地球が宇宙の中心にあり、地球のまわりを太陽が回り、
さらに惑星が太陽のまわりを回る。
天動説と地動説を合わせたようなモデルである。

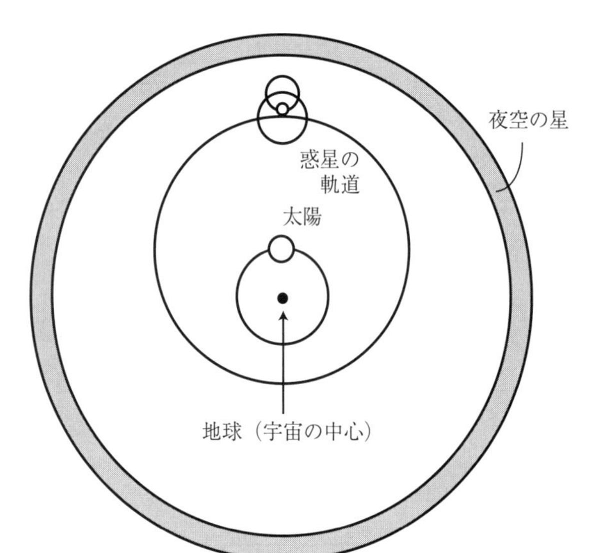

ということは、現代の科学者のように大学や研究所から給料が出るわけでもない。なんらかの方法によって生計をたてなければならない。実際、ケプラーのお師匠さんのチコ・ブラーエは、長年、デンマーク国王フレデリック二世の庇護により研究を続けていた。当時の芸術家も貴族のパトロンがいなければ作品が残せなかったので、まあ、科学者も同じような境遇だったわけ。

ケプラーの庇護者はフォン・ワレンシュタイン将軍

という人物だったが、驚いたことに、ケプラーは占星術により自分のパトロンの死期を占い、見事（？）に当てた、という逸話も残っている。

また、実の母親が「魔女」の嫌疑を受けて逮捕されてしまったので、必死になって弁護したという話もある。

いやあ、いろいろ大変な人生だったのですなあ、ケプラーさん。

ケプラーの科学思想で面白いのは、

「水金地火木土という、（当時知られていた）６つの惑星の間の５つの隙間に正多面体が入る」

という幾何学的な宇宙モデルを考案したことだろう。

正多面体は５種類しか存在しない（4、6、8、12、20面体だけ！）。それは次のオイラーの多面体定理によって証明することができる。

オイラーの定理　　面数＋頂点数－2＝辺数

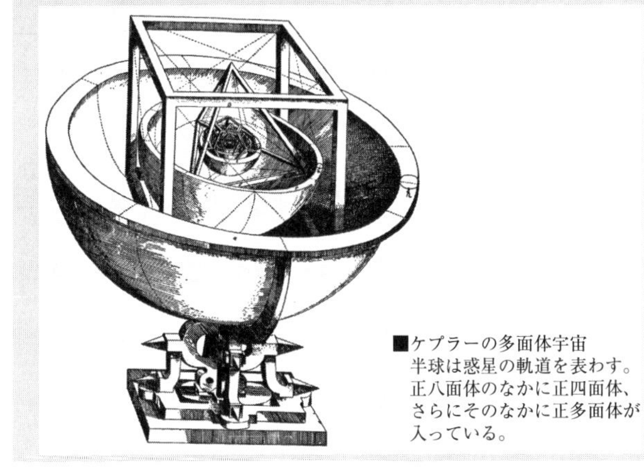

■ケプラーの多面体宇宙
半球は惑星の軌道を表わす。正八面体のなかに正四面体、さらにそのなかに正多面体が入っている。

宇宙の恰好が多面体などと笑わせてくれるわい……などといっておられないのが現代宇宙論の現状で、最近では、
「宇宙はホントは小さくて、ポアンカレの十二面体だった」
という学説まで登場した。ポアンカレの十二面体というのは、丸みを帯びた正十二面体で、その一つの面から外に出ると、向かい合った別の面から内側に戻ってきてしまう、不思議な構造をもっている。

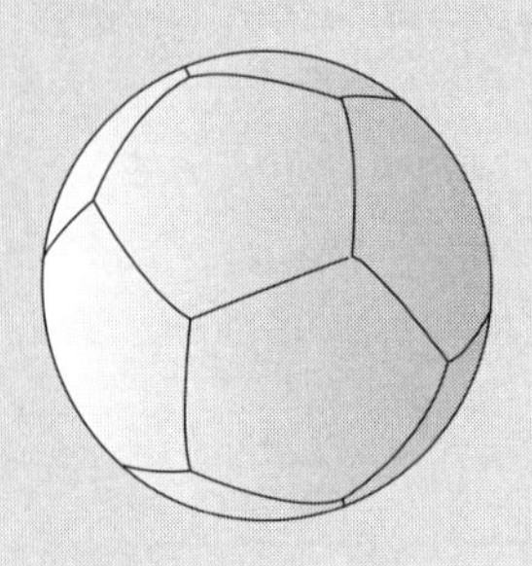

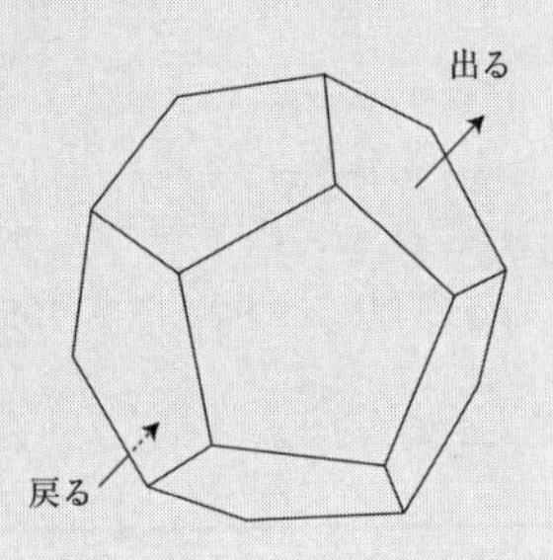

■ポアンカレの十二面体
丸みを帯びた正十二面体で、その一つの曲面から外にでると向かい合った別の面から内側に戻ってくる。数学のトポロジー（位相幾何学）の立体である。このような立体が宇宙にしきつめられていると考える学説がある。

どうやら、ケプラーの直観は、まんざら時代遅れの発想だとバカになどできないようである。

ケプラーが発見した3つの法則は、次のようにまとめられる。

Ⅰ　惑星は太陽を焦点とする楕円にそって太陽のまわりを公転している。

Ⅱ　太陽から惑星にひいた動径は、同じ時間の間には同じ面積をおおう。

Ⅲ　任意の二つの惑星の周期の自乗は、おのおのの軌道の長半径の３乗に比例する：$T \propto a^{3/2}$。

（1 巻　7–2　92 ページ）

ようするに惑星は楕円軌道を描いて、面積速度が一定で、周期は軌道の大きさと密接に関係する、というのである。単純に考えれば、軌道は円であり、軌道の長さが倍になれば、1 周するのにかかる時間（周期）も倍になりそうだが、そうは問屋（とんや）が卸（おろ）さない。

宗教的な観点からは楕円よりも円のほうが完全無欠なので、完璧なはずの神様がおつくりになった天上界の法則にはふさわしいはずだが、現実のデータは、円ではなく楕円を示していたし、その動きも複雑だった。

二番目の面積速度一定の法則は、ようするに、太陽の近くでは惑星は速度を増し、遠くなるとゆっくり動く、というのである。近くにくると、これみよがしにスピードアップしてビュンと通り過ぎるくせに、遠くにいくとサボってちんたらと運動し始める。図は、太陽の近くと遠くとで、同じ 1 秒でも惑星の動く距離がちがうことを図示しているが、これを見ると、影のついた面積は常に一定なのだ。

さて、ケプラーの後には、ガリレオが「慣性の法則」を発見し、続いてニュートンが引力の法則を発見するのだが、ファインマン先生は、当時の情況をユーモアを交えて次の

■ケプラーの3法則

1、惑星は太陽を一つの焦点
　とする楕円軌道を描く

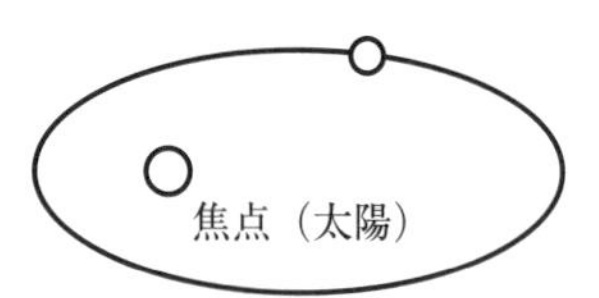

2、一定時間に通り過ぎる
　軌道の面積（灰色部分）
　は等しい

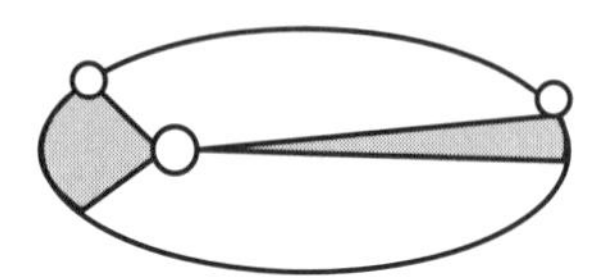

3、惑星の公転周期の2乗は
　軌道の長半径の3乗に比例する

$T \propto a^{3/2}$

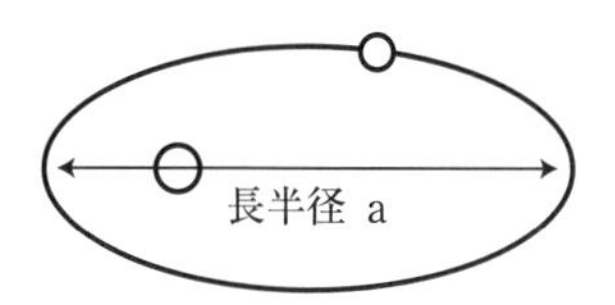

ように解説する。

（そのころ出されていた一つの説は、惑星のうしろには見えない天使がいて、その羽のはばたきで惑星を前におすので、惑星が運動するというのであった。諸君も知っているとおり、この説は今日ではすっかり訂正されている。すなわち、惑星が現在のような運動をするためには、見えない天使は運動の方向とはちがった方向に飛ばなければならないのであり、またその天使に羽はないのである。他の点ではいわば似ている理論である！）

（1 巻　7–3　92 ページ）

現在では通用しない理論なので「括弧」の中に入っている。それで、見えない天使の飛ぶ方向だが、現在では、ニュートンの万有引力によって、あらゆる物体同士が引き合っている、と考えるのであるから、天使（＝重力）は、惑星の進行方向とは直角に太陽のほうへ飛ばないとダメだろう。もちろん、引力に羽はいらない。

ニュートン
(1642–1727)

惑星は、真ん中にある太陽（天使？）から引力を受けなければ、そのままどこかへ飛んでいってしまうだろう。だが、常に太陽に引っ張られて、太陽のほうへ「落ちて」いるので、結果的に太陽のまわりをグルグルと回り続けるのだ。

ニュートンは、ケプラーの法則を吟味して、面白いことに気づいた。まず、面積速度一定の法則（Ⅱ）は、実は、引力が太陽に向かっていることを意味する。次に、第３法則（Ⅲ）は、惑星が太陽から遠く離れると力も弱くなることを意味する（ちゃんと分析すると距離の自乗に反比例することもわかる）。

そこで、ニュートンは、ケプラーが見出した惑星に関する理論を一般化するのである。一般化とは、惑星だけでなく、あらゆる物質に適用できる理論にする、という意味である。

とはいえ、現代人のアタマでは、私も含めて、いったいニュートンがケプラーと比べてどうエライのかが、今一つピンと来ないかもしれない。

> 一つの新しい法則というものが大発見であり有用であるといえるのは、その法則に取り入れられたものよりも、もっと多くのものが導き出されるという場合に限る。ニュートンはケプラーの第２法則と第３法則を使って、引力の法則を導き出したのである。それによってニュートンは何を予言したのか。まず第１に、月の運動の分析もその予言の一つである。何故かというと、引力の法則によって、地球上の物体の落下と月の落下とが関係づけられたからである。第２の問題は、その軌道の形は楕円であるかということである。
>
> (1 巻　7–4　95 ページ)

うーむ、つまり、ケプラーの段階では、たとえば月の運動と地球上の物体の運動は何の関係もないのだ。ケプラーは、あくまでも惑星の運動、すなわち天上界の運動の法則を述べているだけなのだから。それに対して、ニュートンは、ケプラーの法則の背後にある、より普遍的な法則を発見したのである。数式で書けば、それは、

$$F = ma$$

という運動の法則と、

$$F = G\frac{mM}{r^2}$$

という万有引力の法則である。

ポイントは、ニュートンの考えは、天上界（惑星）だけでなく、地上の物体にも、いや、それどころか、宇宙のあらゆる物体の運動に当てはめることが可能だ、という点にある。

ファインマン先生は、ニュートンの偉大さのさらなる証拠として、図のような潮汐（ちょうせき）現象を引き合いに出す。

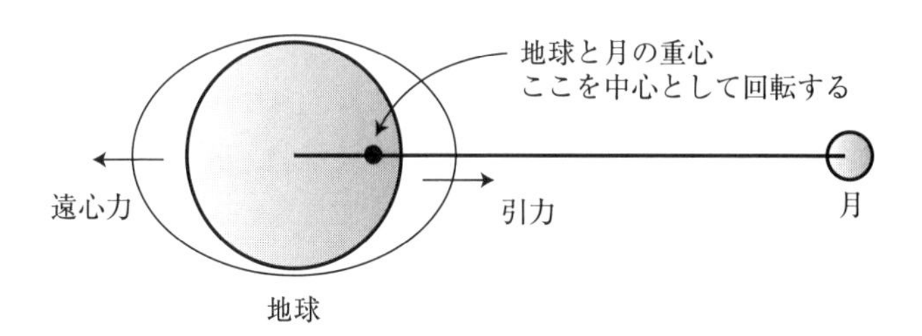

■海の潮汐
月に対して地球の表側の海は月からの引力によって盛り上がり、裏側の海は重心まわりの回転運動による遠心力で盛り上がる。

> 月が地球のまわりをまわるのではなく、地球と月との両方が、（中略）、一つの点のまわりをまわっているのであって、地球も月もこの共通点にむかって落ちているのである。この共通の中心のまわりの運動が、おのおのの落下と帳消しになっているのである。
>
> （1巻　7–4　96ページ）

地球は１日に１回自転する。月の引力によって海面が上昇するのであれば、海岸沿いに住んでいる人は、その上昇面を１日に１回経験するはずだから、潮の満ち干も１日に１回のはずである。

だが、実際には、潮の満ち干は１日に2回巡ってくる。

なぜか？

それは、地球も月も互いに「落ちて」いるからである。互いの重心に向かって落ち続けている。だが、そのまま落ちてぶつかって粉々にならない理由(わけ)は、地球も月も引力と直角な方向に動いているからだ。仮に万有引力が存在しないとすれば、月と地球は「すれちがって」互いに宇宙の彼方(かなた)まで遠ざかってゆくことだろう。だが、まるで見えない「ひも」で結ばれているかのように、月と地球は、互いに引力を及ぼしあっているから、近くにつなぎとめられているのである。

だから、地球にも実は遠心力がはたらいている。

子供は、回転する遊戯具の上で「遠心力」を感じるだろう。遠心力は、その名のとおり、芯(しん)から離れて遠くに飛ばされるような力のことだ。なぜ、そんな力を感じるか？回転運動によって、子供は、接線方向に飛ばされそうになるのだが、手でつかまって中心から離れないようにがんばるので、結果的につなぎとめられるのである。

で、問題となるのは、遠心力と引力の兼ね合いだ。

地球の中心のうける平均の“遠心力”は、月の引力とちょうどつりあっているのであるが、月から遠い側にある水はそれよりも大きい遠心力を受けるから、外にとびだす。遠い側は月の引力が弱く、“遠心力”は大きい。差引き、地球の中心から遠ざかるむきに水が動く。月に近い側では、月の引力が強い。そして、動径が短いから、“遠心力”も小さく、水の動きは、空間的にみれば、前の場合と逆むきであるが、地球の中心からみれば、やはり遠ざかるむきである。結局潮汐のでっぱりは二つできるのである。

（1 巻　7–4　96 ページ）

経験則に近いケプラーの法則では、潮汐力は説明ができない。より基礎的なニュートンの万有引力では説明がつく。

このほかにも、ファインマン先生は、地球が丸い理由として万有引力をあげている。そう、あらゆる物質に引力がはたらく結果、地球は丸くなるしかない。これも、ケプラーの法則では理解できないが、ニュートンならきちんと説明ができるのである。

結論：ニュートンはエライ！

column

ハレー彗星の軌道を予測する！

『ファインマン物理学』第 1 巻巻末の練習問題 7–8 を解いてみよう。

7–8　ハレー彗星は 1456 年にみえて、人々を大いに恐怖させた。彼らは教会に行って、“神よ、悪魔から救い給え、トルコ族から救い給え、彗星から救い給え”と祈った。1986年には、それ以来7度目に太陽のまわりをまわってやってくるはずである。1910年4月19日の最近の近日点では、太陽からの距離は0.60A.U.であった。

a) 軌道の反対側では、太陽からどれだけ遠くなるか。

b) 軌道上の最大の速さと最小の速さとの比はいくらか。

(1巻　付録　350ページ)

もちろんケプラーの法則を使うのである。第3法則から、周期 T が軌道半径（精確には長半径）a の3/2乗に比例することがわかっている。問題文から、ハレー彗星は、1456年と1986年の間に7回やってきているのだから、その周期 T は、

$$T = (1986 - 1456)/7 = 75.714\cdots\cdots \text{年}$$

であることがわかる。

だから、

$$a(\text{A.U.})^{3/2} = k \times 75.714 \text{ 年}$$

と書くことができる。ここでA.U. = Astronomical Units = 天文単位は、太陽と地球の平均距離を1と置く単位系だ。宇宙の大きさを太陽と地球の距離を目安にして測定するのである。

だが、われわれはケプラーの法則の比例定数 k の値を知らない。あれ？ これじゃ、a を計算できないじゃないか！

いえいえ、ご心配めさるな。

ケプラーの法則は、あらゆる惑星にあてはめることができるのだから、太陽とハレー彗星だけでなく、太陽と地球でもなりたつ。太陽と地球の場合、

$$1(\mathrm{A.U.})^{3/2} = k \times 1\ 年$$

となって、距離を天文単位、時間を年で測る場合、比例定数 k は 1 になるのである。

というわけで、ハレー彗星の長半径 a は、

$$75.714^{2/3} = 17.9\,\mathrm{A.U.}$$

になる。遠日点の距離を x とすると、楕円において、

$$(近日点 + 遠日点) = 2a$$

という関係があるので、

$$(0.6 + x) = 2 \times 17.9$$
$$\therefore \quad x = 35.2\,\mathrm{A.U.}$$

が答えになる。

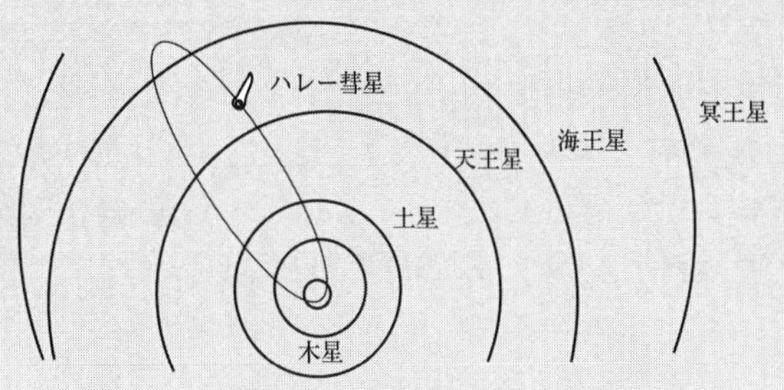

■ハレー彗星は太陽と地球の半分くらいの距離まで近づいて
そのあと太陽と地球の距離の35倍も遠くへ旅立つ。76年周期。

これで前半の問題が解けたことになる。つまり、ハレー彗星の周期の情報だけから、その軌道の恰好がわかるのだ。地球に近づいたときの距離を測定すれば、ハレー彗星が地球から遠ざかったときの距離も算出できる。ハレー彗星は、太陽と地球の半分くらいの距離まで近づいて、それから、太陽と地球の距離の35倍も遠くへと旅立つのである。そして、約76年周期で帰ってくる。

さて、問題の後半は、ケプラーの第2法則を使うことになる。

面積速度が一定というのは、ようするに、軌道の各点において、太陽からの距離と速度をかけた面積が等しくなる、という意味だ。最大速度をV、最低速度をvと書くならば、

$$0.6 \times V = 35.2 \times v$$

となるので、

$$V/v \fallingdotseq 58.7\text{倍}$$

という答えが求まる。

いかがだろう？『ファインマン物理学』を読むときは、こうやって、巻末の練習問題も解いてみるといい。ただし、物理学科に進む人は別だが、そうではない読者は、「面白そうだな」と感じたものだけを愉(たの)しく解くことをおすすめします。

◆巨大数仮説

ディラック（1902–1984）

ファインマン先生は先輩物理学者のディラックの影響を大きく受けている。この読本でも第３章で「先進波と後進波」をご紹介するときにディラックのアイディアが登場する。あるいは、ファインマン先生の十八番（おはこ）の経路積分という手法にしても、元はディラックのアイディアである。

『ファインマン物理学』の第１巻にもディラックの興味深い仮説が登場する。それは「巨大数仮説」というものであり、今でも多くの物理学者の心を虜（とりこ）にしている。

いったい、巨大数仮説とはなんだろう？

巨大数仮説の源泉は「電磁力と重力の大きさ」にある。二つの電子の間にはたらく電磁力と重力の比は10の40乗程度の大きな数になることが計算によってわかるのだが、ディラックは、同じようにして、さまざまな物理定数を組み合わせて掛けたり割ったりして、無次元の数をたくさんつくってみた。

無次元の数というのは、メートルとかキログラムといった「単位」がないような数のことである（ここでは「単位＝次元」という言葉遣いをしています）。

どうして無次元の数なんかに興味があるかといえば、無次元にしないと科学的な「比較」ができないからである。

本当だろうか？

たとえば、体重80キログラムで身長180センチメートルの人がいるとしよう（偶然だが、私の数値と一致している……）。はたして「この人物の体重と身長はどちらが大きいのか？」という問いは意味をなすであろうか？

もちろん、このままでは意味をなさない。なぜなら、単純に80と180という数値を比べてはいけないからだ。センチメートルの代わりにメートルという単位を使ったら80と1.8という数値を比べることになってしまう。

単位がちがう数値同士は、科学的に比べることができない。単位は人為的に選ぶことができるからだ。

では、どうすればいいのか？

単位に左右されずに比べることができるもの……それは、単位のない無次元の数なのだ。だから、物理量をとってきて、掛けたり割ったりして、単位を消してしまえばいい。

実際、電子の間にはたらく電磁力と重力は、ともに「ニュートン」という力の単位をもっているので、比をとってやれば「ニュートン」の部分が消えて、単なる数字になる。それが10の40乗という巨大数なのだが、それは科学的に「意味」をもつ数字だ。人間の選ぶ単位に左右されない数値だからである。

で、ここからが問題なのだが、ディラックは、たくさんの物理量からたくさんの無次元数をつくってみて、そこに二つの傾向があることに気がついた。一つは、大きさが1の程度の無次元数である（桁の話なので、1でも10でも100でも同じ程度と考える）。二つ目は、大きさが10の40乗程度の巨大な無次元数である（もちろん分母と分子を逆にすれば、凄く微小な数も出てくるが、それは計算の順番の問題にすぎないので「巨大数」とみなすことにする）。

無次元数は、ある意味、宇宙の本質的な性格を反映していると考えることができる。宇宙の中にあるさまざまな物理量がもっている本質的な「大きさ」を調べているからである。

審美的には、宇宙の始まりにおいて、すべての無次元数は「１の程度」で大きさが同じだと気持ちいい。神様（あるいは量子的な確率？）が宇宙を誕生させたときにパラメータを微調整したと考えるよりは、すべて同じにしたと考えるほうが気分が楽だ（神経質な神様は物理学ではあまり喜ばれない！）。

だとすると、なぜ、今現在、１の程度の無次元数のほかに10の40乗の程度の巨大数が存在するのか？　疑問である。

> これを宇宙の年齢にむすびつけるのである。そうするには、どこかに大きな数を**もう一つ**見付けなければならないことは明らかである。しかし、ここで宇宙の年齢というのは年数をさすのだろうか。そうではない。年というのは“自然”のものではなく、人間が工夫したものだからである。自然のものの一例として、光が陽子のはじからはじまで伝わる時間 10^{-24} 秒を考えてみよう。この時間と**宇宙の年齢**、2×10^{10} 年、との比をとると、答えは 10^{-42} である。0のつづく数が前のとだいたい同じである。そこで引力の定数は宇宙の年齢と関係があるのではないかということが考えられる。もしもそうであるならば、引力の定数は時間的に変化するはずで、宇宙の年齢

と、光が陽子のはじからはじまで伝わるに要する時間との比が、宇宙が年をとればとるほどだんだん大きくなるということになる。引力の定数はほんとに時と共に変化するだろうか？

（1巻　7–7　105ページ）

うーむ、なるほど。電磁力と引力の比が巨大であることと、宇宙の年齢（あるいは同じことだが宇宙の大きさ）が巨大であることとが「巨大つながり」でくっつくのだな。実に面白い発想だ。

ディラックの巨大数仮説

＝巨大数の分析から、引力は宇宙の年齢とともに弱くなっていることが推測される

誤解のないようにもう一度確認しておこう。現在、ニュートンの引力定数 G は（電磁力と比べて）凄く小さい。だが、大昔、宇宙が始まったころは普通の大きさだったと予想される。G は年々弱くなっている⁉

この考えはバカにできない。なぜなら、現代の物理学の最先端で研究が行なわれている「力の統一理論」は、それこそ宇宙がドロドロに溶けていて、力が未分化だったころの宇宙の様子を記述しようとしているからである（イメージとしては、熱いコーヒーは滑らかであらゆる成分が混ざっているが、冷えると砂糖が析出したり牛乳が分離したりするのと似ている。宇宙が大きくなって冷えると「力」の成分も分かれて析出するのである）。

だが、この魅力的なディラックの巨大数仮説は、少なく

ともここ 10 億年については残念ながら当てはまらない。ここ 10 億年で引力定数 G が 1 割小さくなったと仮定してみよう（宇宙の年齢は 100 億年の程度なので、10 億年は 1 割に当たる)。すると、太陽と地球の距離は、大昔、もっと近かった計算になる。他の条件も考慮すると、10 億年前、地球の温度は現在よりも 100 度も高く、海はなくて水蒸気になっていたことになる。生物は全滅だ！

だから、ディラックの巨大数仮説は、宇宙の初期においては成り立っていたかもしれないが（むしろ成り立たないと力の統一という意味では困るくらいだが)、少なくとも、地球上に生命が出現した、ここ 40 億年くらいについては成り立たないのである。

物理学や宇宙論は、実に、奥が深いものだと感じさせられる仮説だ。

column

重力は高次元へもれている⁉

もともと巨大数の存在に気づいたのは、アインシュタインの一般相対性理論の検証で有名なエディントン卿である。彼は、

$$\text{宇宙半径} \div \text{電子半径} = \text{電磁力} \div \text{重力}$$
$$= \sqrt{\text{宇宙の陽子数}} = 10 \text{ の } 40 \text{ 乗}$$

という不思議な関係に注目した。

これを発展させて「宇宙論」にまでもっていったのがディラックだったのだ。

ディラックの解決策は、とりあえず、そのままでは採用できないわけだが、最近流行(はや)りの超ひも理論では、4次元（縦横高さ時間）よりも高次元の宇宙を想定するので、巨大数の問題、いいかえると、
「なぜ、重力はこんなに弱いのか？」
という問題に対して、
「それは重力が高次元にもれているから」
という驚くべき答えを用意している。

宇宙が誕生した当初、宇宙は10次元とか11次元という高い次元をもっていて、そのとき、4つの力は、すべて同じくらいの強さだった。ところが、なんらかの理由により、4次元以外の次元は小さく縮んだか、少なくとも人間の目には見えなくなってしまった。それに応じて、重力以外の3つの力は、4次元宇宙に閉じ込められたが、重力だけは、依然として10または11次元を自由に飛び回っている。早い話が、重力は、高次元に「もれている」。

かなり、ぶっ飛んだ仮説ではあるが、ディラックの巨大数仮説は、いまだに尾を引いているのである。

◆ちょっと目次を確認しておこう

ここら辺で『ファインマン物理学』第１巻の目次構成を詳しく見ておこう。

第１章　踊るアトム

第2章　物理学の原理
第3章　物理学と他の学問との関係
第4章　エネルギーの保存
第5章　時間と距離
第6章　確率
第7章　万有引力の理論
第8章　運動
第9章　ニュートンの力学法則
第10章　運動量の保存
第11章　ベクトル
第12章　力の性質
第13章　仕事と位置のエネルギー
第14章　仕事と位置のエネルギー（結び）
第15章　特殊相対性理論
第16章　相対論的エネルギーと運動量
第17章　時空の世界
第18章　平面内の回転
第19章　質量の中心；慣性モーメント
第20章　3次元空間における回転
第21章　調和振動子
第22章　代数
第23章　共鳴
第24章　過渡現象
第25章　線型の系とまとめ

1章から3章までは「準備体操」のようなものである。4章と5章が「力学の舞台」の検査にあたる。6章は「数学的な補遺」だ。7章は惑星の話から万有引力までの「歴史」を扱っている。

8章から14章までが「力学：本論」というべき内容で、ここにニュートン力学のエッセンスが凝縮されている（途中に11章のベクトルがあるが、ここは数学的な補遺）。

その後、15章から17章までが、アインシュタインの特殊相対性理論の説明に充てられている。ここは、いわば、「1905年以降のニュートン力学への修正」と位置づけることができる（15章から17章までの内容は本読本の「量子力学と相対性理論を中心として」をご参照ください）。

18章から20章までは「拡がりをもった物体」の運動を扱っている。それでは、本論の8章から14章までは「拡がりをもたない物体」、いいかえると点粒子の力学なのかといわれれば、答えはイエスである。

点状の物体（＝質点）と大きさをもった物体のちがいが何かを考えてみると、それは、「回転」である。大きさのない点は回転できない（＝意味をなさない）。大きさを考慮して、初めて回転という概念が意味をもつようになる。

最後の21章から25章までは、少し話が変わって振動現象が扱われる（この部分は本読本ではふれない）。

◆物体を点として扱う：ニュートン力学と微分と速度

『ファインマン物理学』の意外な側面が歴史と思想の扱いだろう。通常の物理学の教科書は、数式の羅列になってしまって、肝心の歴史的な経緯や物理学者たちのアイディア、つまり思想的な格闘の跡がかき消されてしまうことが多い。ファインマン先生は、歴史と思想に深入りすることはないが、じっくりと読み進めてゆくと、かなりディープな歴史や思想の紹介が（しかも精確かつ的確に）なされていることに驚かされる。

どうやら、ファインマンというひとりの天才は、過去の大先輩たちが考えたことをアタマで辿(たど)って、自分なりに考え直して消化してきたようだ。『ファインマン物理学』を物理学史の観点から読むのは興味深い試みかもしれない。

ニュートン力学の本論も過去の経緯、それもかなり古い話から始まる。

> “スピード”とは何であるか、我々にはだいたいわかってはいるけれども、これには深奥で微妙なところがある。思ってもみたまえ。ギリシャの学者は、速度ということが入って来ると、問題をうまく記述することがどうしてもできなかったのである。
>
> （1巻　8–2　111ページ）

こう切り出したファインマン先生は、続いて「ゼノンのパラドックス」と呼ばれる古代ギリシャの哲学思想を引き合いに出す。エレアのゼノンが書いたものは散逸してしまって残っていないが、かの有名なアリストテレスが『自然学』の中でゼノンが提出した４種類のパラドックスを紹介している。そのうち「アキレスと亀」と後世の人々が呼んだパラドックスは特に有名だ。

■ゼノンのアキレスと亀のパラドックス

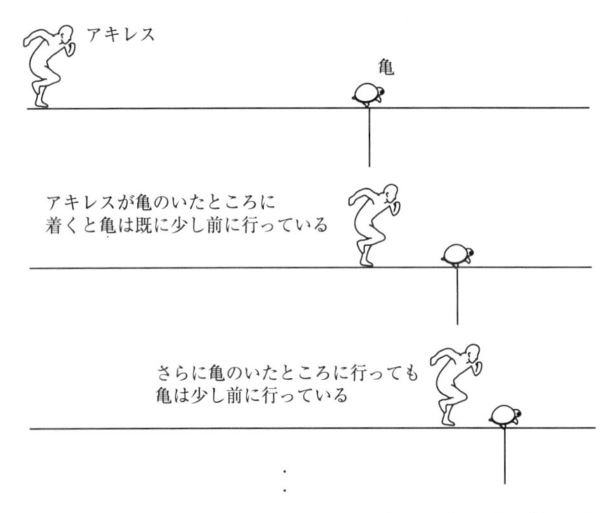

かいつまんで説明すると、「最も速い」と形容されるアキレスと「最も遅い」といわれる亀とが競走をするのである。仮にアキレスは亀の10倍の速度で走るものとしよう。しかし、ハンデをつけて、亀はアキレスよりも100メートル先行してスタートする。

もちろん、現実世界では、アキレスはやすやすと亀を追い越してしまう。

だが、ゼノンは、それが不可能だと主張して古代ギリシャの人々を困らせたのである。ゼノンは、アキレスが（最初の）亀のスタート地点に到達したときを問題にする。そのとき、（いくら遅いとはいえ）亀は少し先に進んでいる。その亀の地点にアキレスが到達してみると、やはり、亀は少し先に進んでいる。そこで、その亀の到達地点にアキレスが到着すると、亀は、依然としてほんの少し先にいる……つまり、亀の到達地点にアキレスが着いてみると、常に、亀は、ほんの少し先に進んでしまっているので、追いつくには、無限の段階を必要とする。

ここがミソである。

ゼノンは、無限の段階を経るには無限の時間がかかるので、アキレスは決して亀に追いつくことはない、と周囲を煙（けむ）に巻くのである。

本当だろうか？

純粋に力学の問題として考えるのであれば、もちろん、ゼノンの主張はまちがっている。

> 有限の長さの時間は、無限個の小片にわけることができる。これはちょうど、ある線の長さを半分にし、その半分にしたということをくりかえして無限個の小片にわけることができるのと、同じようなことである。だから（上の話で）アキレスがカメに追い付くのには無限個の段階があるのだけれども、それだからといって**時間**が無限になるということにはならないのである。
>
> （1巻　8–2　111ページ）

この部分は個人的に感慨が深い。

私は大学に入ったときは法学を勉強していて、途中から科学史・科学哲学に「理転」して、さらに学士入学で物理学科に入り直したのだが、初めて物理学科のバリバリの理数系の授業の洗礼を浴びたとき、黒板の練習問題で似たような問題をやらされた憶えがある。

たしか、動いているミサイルを別のミサイルで追尾する方程式を解く問題だったと思うが、それは、ようするにゼノンの「アキレスと亀」そのものだった。

ところが、私が少し前まで属していた科学史・科学哲学とちがって、物理学科の問題演習では、誰も
「アキレスは亀に追いつくか」
などという哲学的な問題になんぞ興味はない。学生たちは、みな、どんな軌道をとれば最短でミサイルが迎撃できるか、という実用的なアタマになっている。その中で、私だけが
「そもそも追いつくのか」
などという非現実的な問題意識を引きずっていたのである。

実をいえば、時間と空間がともに連続的につながっている、というのはニュートン力学の大前提なのだ。そして、時間と空間（＝距離）がともに連続的ならば、どんなに細かく分割してもいいので、無限に短い距離を無限に短い時間で割って、瞬間速度が定義できるのだ。

もちろん、実際の宇宙の時間と空間が、本当に無限小まで分割可能かどうかはわかっていない。おそらく、そうではなく、非常に短い時間や空間は、滑らかでさえなく、ふつふつと湧いては消える水泡のようになっているはずだ。

column

時間と空間の本当の極限

ミクロの世界はニュートン力学ではなく量子力学で記述される。だとしたら、物凄く短い時間（＝10^{-43}秒！）や物凄く短い空間（＝10^{-33} cm！）だって量子的になっているにちがいない。

早い話が、顕微鏡で時空をどんどん拡大していったら、しまいには、時空の「素地」が見えてくるはずだ。

いまのところ、さまざまな説があって、時空の素が本当はどうなっているのかわかっていない。だが、たくさんの説に共通するイメージというのは存在する。

もともとファインマン先生のお師匠さんだったジョン・アーチボルド・ウィーラーが提唱したのだが、その共通のイメージは「時空の泡」と呼ばれている。そ

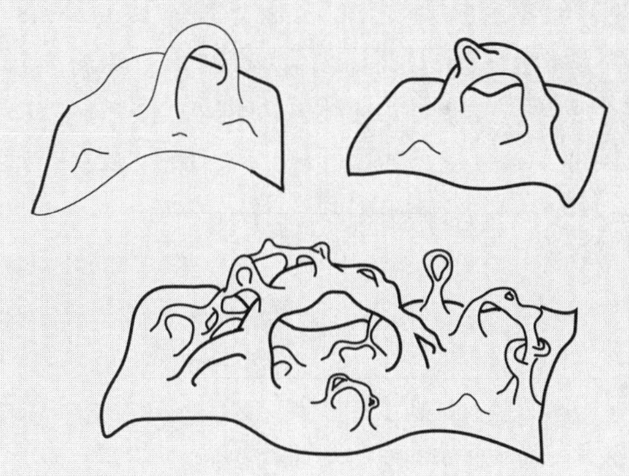

■時空の泡
ウィーラーの考えた時空の様子。
時空の素が泡のように生成と消滅をくりかえしている。
（『ブラックホールと時空の歪み』キップ・S・ソーン著、林一、塚原周信訳、白揚社、を参考）

れは、こんな恰好をしている。
　この時空の素は泡のように生成と消滅をくりかえしている。だから、このレベルの話になると、ミニミニ・アキレスは、必ずしもミニミニ・亀を追い越すことができない可能性がある。そもそもニュートン力学的な意味での「速度」さえ定義できないだろう。
　だから、もしかしたら、本当は、ゼノンが出した問題は、とてつもなく難しかったのかもしれないのだ。

　われわれは量子的な時空の泡は忘れて、「つるつる」したニュートンの時空に戻るとしよう——。

それは**微小な距離**とそれに対応する**微小な時間**を考えてその比をつくり、時間を短く短く短くしたら、この比がどうなるかをみるということである。いいかえれば、進んだ距離をそれに要した時間で割って、時間が無限に短く短くなったときの極限を求めるのである。この考えは、ニュートンとライプニッツとによって独立に出されたものであって、**微分学**という数学の新分野のはじまりである。

（1巻　8–2　113ページ）

　おそらく数学者は別の意見をもっているだろうが、数学書を読んでも数学がわかった気にならないのに、物理学書を読むと数学がわかった気になることが多い。それは、数式が具体的な物理量として「意味」を与えられ、いわば水を得た魚のごとく泳ぎ始めるからだと思う。

実際、多くの初学者の出鼻をくじく微分積分学にしても、ニュートンが自分の力学を記述するために発明（発見）したわけで、よくよく考えてみれば具体的な「応用」があって初めて数学は活躍の場をえるのである。

さて、それでは、ニュートンが発明した微分や積分の具体的な「意味」とはなんだろうか。

距離を s と書いて、時間を t と書くことにしよう。さらには短い距離を Δs、短い時間を Δt と書こう。すると、距離を時間で割ったもの（s/t）は速さだが、短い距離を短い時間で割ったもの（$\Delta s/\Delta t$）も速さだ。

「距離÷時間＝速さ」

という公式は小学生でも知っている。

だが、具体的に速さを計算するときに、どれくらいの距離や時間をとったらいいのだろう？

具体的な基準などはあるのだろうか？

たとえば「最低 100 m は追尾してから赤色灯を廻して停止を命ずること」などという警察の速度測定みたいなものが物理学にもあるのだろうか？

答えからいうと、理論的には、

・速度一定のときは何分でも何秒でもいい
・速度が刻々変化するときは各「瞬間」について速度を計算しないといけない

となる。

走っている車の速度が一定で、たとえば毎秒 10 m だとしよう。その場合、時間と距離の関係は、

時間（秒）	距離（m）
0.01	0.1
0.1	1
1	10
2	20
100	1000

という具合になるから、どれくらいの長さの時間をとって速度を計算しても常に同じになる。

だが、速度が刻一刻と変化するような場合（たとえばアクセルを踏み込んでいるような場合）には、まさに「瞬間」ごとに速度を計算しないといけない。

ところで、ここにもう一つ、近似のいい法則がある。それは、運動している物体の距離の変化は、速度と時間間隔をかけあわせたものに等しく、$\Delta s = v\Delta t$ だというのである。こういえるのは、その時間のあいだに速度が変化しないときにのみ限るのであって、この条件は Δt が 0 に近づく極限においてのみ正しい、物理学者が好んで用いる書き方は、$ds = vdt$ である。非常に小さくなった Δt を dt によって表わすのである：こう約束すればこの式は非常にいい近似で成り立つ。もしも Δt が長すぎると、この時間内で速度も変化するだろうから、近似は悪くなる。dt がゼロに近付けば、正確に $ds = vdt$ である。

（1 巻　8–3　115 ページ）

微分はその字のごとく「微(こま)かく分ける」ことだ。距離 s を微かくすると距離の「変化」ds になるが、その変化は、時間変化 dt の間に起きているので、時間ごとの変化の割合、いいかえると「変化率」は、$ds/dt = v$ になる。つまり、「距離の変化率は速度 v だ」ということになる。これを「距離を微分すると速度 v になる」と言う。だから、「微分＝変化率」という意味が生じる。

◆積分は微分のさかさま

微分は「微かく分ける」という意味で納得がゆくが、積分はどうだろう？ 積んで分けるのだろうか？ いや、どちらかといえば、分けてから積むのである。

まずこうやる。“第１秒に彼女の車のスピードはこれこれであった。$\Delta s = v\Delta t$ の式から、そのスピードで行けば第１秒にどれだけ走ったかがわかる。” さて第２秒には、スピードはほとんど同じだったが、少しはちがっていた。この新しい速さと時間とをかければ、第２秒に彼女がどれだけ走ったかがわかる。各秒について同じようにやっておしまいまでいく。こうして小さな距離がたくさん得られるが、車の走った全体の距離は、これらの小さい距離を全部加えた和である。すなわち、全体の距離は速度かける時間の和、すなわち $s = \sum v\Delta t$ である。

(1巻　8–4　117ページ)

たとえば、次の表のようにカクカクと1秒ごとに速度がギアダウンされていって3秒後に車が停止したとしよう。

時間（s）	速度（m/s）
1	10
（次の）1	3
（次の）1	1

この場合、総距離は、

$$
\begin{aligned}
s &= 10\,\mathrm{m/s} \times 1\,\mathrm{s} + 3\,\mathrm{m/s} \times 1\,\mathrm{s} + 1\,\mathrm{m/s} \times 1\,\mathrm{s} \\
&= 14\,\mathrm{m}
\end{aligned}
$$

となる。あたりまえの話だ。これを

$$
\begin{aligned}
s &= v(t_1) \times \Delta t + v(t_2) \times \Delta t + v(t_3) \times \Delta t \\
&= \sum v(t_1) \Delta t
\end{aligned}
$$

と書くのである。

実際の自動車の加速や減速は1秒ごとにガクンガクンと（私の下手っぴいな車の運転みたいに）ではなく、速度がなめらかに変化するにちがいない。つまり、Δt が短くなって「瞬間」dt になるのだ。それを

$$
s = \int v(t) dt
$$

と書くのである。瞬間ごとに分けて足す（＝積み重ねる）のである。

だから、速度 v を「積分」すると距離 s になる。

以上をまとめると、基本になるのは「d」という「無限

小の変化」という操作であることがわかる。無限小の変化をとってから、他の無限小の変化で割って「変化率」を求めると微分になる。無限小の変化をとってから積み重ねる（＝足す）と積分になる。距離と速度の関係でいえば、

$$\text{距離 } s \underset{\text{積分}}{\overset{\text{微分}}{\rightleftarrows}} \text{速度 } v$$

という関係があることになる。距離 s も速度 v も時間 t の関数である。これをさらに推し進めると、

$$\text{距離 } s \underset{\text{積分}}{\overset{\text{微分}}{\rightleftarrows}} \text{速度 } v \underset{\text{積分}}{\overset{\text{微分}}{\rightleftarrows}} \text{加速度 } a$$

となって、物理学における運動の基本量が互いに無関係に決まるものではなく、微分・積分という数学的な演算によって、密接に結びついていることが判明する。

　高校の物理学が苦しいのは、この微分・積分をつかった有機的な説明ができないからだ。本当のことを言わないのだから生徒が「わからない」とか「つまらない」と感じても不思議ではない。諸悪の根源は微分・積分を難しく考えすぎる点にある。微分・積分は、扱っている数が無限小であることを除けば、ほとんど、通常の四則演算と同じなのだ。Δ は「引き算」だし Σ は「足し算」だし、それを無限小にしたら d と $\int$ になる、というだけの話である。

　高校から物理学が嫌いになる生徒は多い。

　今こそ、嘘をつくのをやめて、物理学で微分・積分を学

ぶように教育課程を変更すべきだと思う。そうすれば、数学と物理学の両方の授業で微分・積分を学ぶから、これまでの何倍もの生徒が微分・積分をマスターできるようになるだろう。

おっと、また脱線しました。

◆力の本質

『ファインマン物理学』第1巻は、こんな調子で読み進めていけばいい。この読本は、あくまでもファインマン先生の科学思想を読み解くためのものであり、その一番の教材として『ファインマン物理学』を読み進めているのであり、ダイジェスト版というわけではない。

そこで、以下、第1巻からファインマン流のビビッドな解説がみられる部分を中心に適宜ピックアップしていきたい。途中、ドーンと飛んだりするが、もちろん、岩波版の第1巻または原書を脇において参照しながらお読みいただきたい。あしからず。

さて、第9章「ニュートンの力学法則」と第10章「運動量の保存」では、お馴染(なじ)みのニュートンの3法則：

1　慣性の法則
2　運動の法則
3　作用・反作用の法則

が紹介される。

力学の法則、すなわち運動の法則の発見は、科学の歴史上において、劇的な事件であった。ニュートン以前には、惑星のようなものの運動は一つの神秘であった。しかしニュートン以後、この運動は完全に理解されるようになった。他の惑星の影響によって、ケプラーの法則から僅かなはずれが生ずるが、それさえも、計算することができるようになった。ニュートンの法則が打ち立てられてから後は、振子の運動、バネとおもりから成る振動子の運動等々も、完全に解明することができるようになったのである。

（1 巻　9–1　122 ページ）

もっとも、慣性の法則（＝外から力を受けない物体は、そのままの運動を続ける）はガリレオが発見したのだから、ニュートンの寄与は第 2 法則と第 3 法則ということになる。われわれは、えてして、

$$F = ma$$

と憶えていることが多いが、ファインマン先生は、きちんと、

$$F = \frac{d}{dt}(mv) \quad \left(= \frac{dp}{dt}\right)$$

と書く。この式の左辺は「力」であり、右辺は「運動量」mv の時間変化である。つまり、力がはたらくと運動量が変化するのである。逆に、実験により運動量が変化することがわかれば、そこに（なんらかの）力がはたらいていることが予測できる。

ここで素朴な疑問が生ずる。

いったい、なぜ、d/dt は v の前ではなく mv の前にかかっているのだろう？　どうせ m は定数だから外に出してしまっていいはずなのに！

実は、質量 m は、本当は一定ではないのだ。たとえばアインシュタインの特殊相対性理論によれば質量 m は速度 v に依存する（速度 v が大きくなると質量 m も大きくなる）。また、量子力学になると、素粒子は生成と消滅を繰り返すから、質量 m が忍者のようにドロンと消えてエネルギーになったりもする。

でも、いきなり宇宙の究極理論を考えて計算をするわけにもいかないので、第一近似として、ニュートン力学では、「質量 m は定数だ」とみなすのである。

質量 m が定数のときは、もちろん、m は前に出て、$dv/dt = a$ は加速度になるから、われわれに馴染深い $F = ma$ という運動法則の恰好になる。

ここで気をつけるべき点は、「加速度を感じたら力の存在を疑え！」というニュートンからのメッセージだ。遊園地やエレベーターで加速度を感じたら、そこにはなんらかの力がある（この話をさらに進めたのがアインシュタインだ。加速度と重力の間には深い関係がある。それについては本読本の後半で述べます）。

先に進もう。

9–7 節「惑星の運動」で、ファインマン先生は、ニュートン力学を惑星の運動にあてはめて、数値的に解析しているが、コンピュータ全盛の今だからこそ、逆にじっくりと読むと面白いように思う。パッとソフトウェアを使って、計算部分はブラックボックスのまま、結果を見る、というのでは思考力は養われない。CGで直観的に何が起きているかを見てから、計算のほうは、紙と鉛筆を用意して「身体（からだ）で憶える」べきなのだ。

ニュートンの法則を論じたときに、これは“力に注意しろ”という段取りのようなものであって、ニュートン自身も力の本質については二つのことしかいっていないということを述べておいた。引力の場合については、ニュートンはちゃんと力の法則を与えている。原子間のように非常に複雑な力がはたらいている場合には、その力がどんな法則に従うかということについては、ニュートンは何の知識ももっていなかった；しかし彼は一つの法則、力の一般的性質の一つを発見した。これが、すなわちその第３法則に述べられているものなのである。そしてこれが力の本質についてニュートンの知識のすべてであった。――引力の法則とこの原理だけであり、それ以上立ち入ったものはなかったのである。この原理とは

作用と反作用とは等しい

というのである。

（1巻　10–1　136ページ）

なるほど、ニュートンが万有引力で有名な理由（わけ）がわかった。ニュートンは、「一般的な注意」のようなもの、あるいは「段取り」（*program*）を与えてくれているだけで、具体的に力がどんな恰好をしているかについては万有引力だけ

しか教えてくれないのである（もちろん、だからこそ、電磁気学はニュートンではなくマクスウェルの業績なのだ）。

だが、作用・反作用の法則は、とてつもなく重要であり、それこそ力学の演習のほとんどは、この法則の応用だといっても過言ではない。なぜかといえば、作用と反作用の法則は、

$$F_1 = -F_2$$

と書けるわけだが、これを運動の法則と一緒にすると、

$$\frac{dp_1}{dt} = -\frac{dp_2}{dt}$$

となり、まとめると、

$$\frac{d(p_1 + p_2)}{dt} = 0$$

となって、全運動量（$p_1 + p_2$）が時間変化しない、いいかえると「保存する」という結果がでてくるからだ。

column

ロケットの運動を計算してみよう

『ファインマン物理学』第1巻の巻末の練習問題 10–4 を解いてみよう。

10–4　ロケットのはじめの質量は M_0 kg であって、$dm/dt = -r_0$ kgs^{-1} という一定の割合でもえた燃料を吹き出す。吹き出す速度は V_0（ロケットに相対的に）である。

a) ロケットの最初の加速度を求めよ（重力は無視する。）

b) もしも $V_0 = 2.0\,\mathrm{kms^{-1}}$ であるとすれば、推力 10^5 kg 重を得るためには、1 秒に何 kg の燃料を吹き出さなければならないか。

c) ロケットの速さと、その時々の質量とを結び付ける微分方程式を書け、できればこの方程式を解け。

（1 巻　付録　354 ページ）

ロケットが飛ぶ原理は驚くほど単純だ。

喩(たと)えるなら、湖面に浮かんだ小舟の上で背後に何か物体を投げると、その反動で舟が前に進むのと同じなのである。

つまり、作用・反作用の原理なのだ。

あるいは、同じことだが、運動量保存の法則と考えてもらってもかまわない。

第一問は、ロケットが上に飛ぶ加速度を a として、ロケットと噴出物質を合わせた全体に運動量保存の法則をあてはめればいい。いいかえると、ロケットが上に進む瞬間の運動量（$M_0 a dt$）は、ロケットが下に放り出した燃料の運動量に等しいので、

$$M_0 a dt = -dm V_0$$

という等式がなりたつ。これに問題文にある dm を代入して、両辺から dt を消去すれば、

$$a = \frac{r_0 V_0}{M_0}$$

という加速度の式が求まる。

次に問題2だ。推力のところの「kg重」という単位は注意が必要だ。1kg重は、1kgの物体にはたらく重力で、質量のkgに重力加速度 $g = 9.8\,\mathrm{m/s^2}$ をかけたもののことである。だから、

$$F\,(推力) = M_0 a = 10^5\,\mathrm{kg}\,重 \fallingdotseq 10^6\,\mathrm{kgm/s^2}$$

という式を書くことができる。問題1で求めた $r_0 = M_0 a / V_0$ にこれと $V_0 = 2.0\,\mathrm{km/s}\ (= 2.0 \times 10^3\,\mathrm{m/s})$ を代入すれば、

$$r_0 = 500\,\mathrm{kg/s}$$

という答えが求まる。

最後に問題3である。

ちょっとじっくりやってみよう。

まず、時間 t において、ロケットの運動量が MV だとする。直後の時間 $(t + dt)$ では、ロケットの質量は $(M + dM)$、ロケットの速度は $(V + dV)$ になり、噴出した燃料の運動量は $(-dM(V - V_0))$ になるだろう。そして、時間 t と時間 $(t + dt)$ で、全運動量は等しいはずだから、

$$MV = (M + dM)(V + dV) - dM(V - V_0)$$

という式を書くことができる。これから、$dM\,dV$ は微小なので無視すると

$$MdV = -dMV_0$$

左辺に V、右辺に M に関係する項を集めて、

$$\frac{dV}{V_0} = -\frac{dM}{M}$$

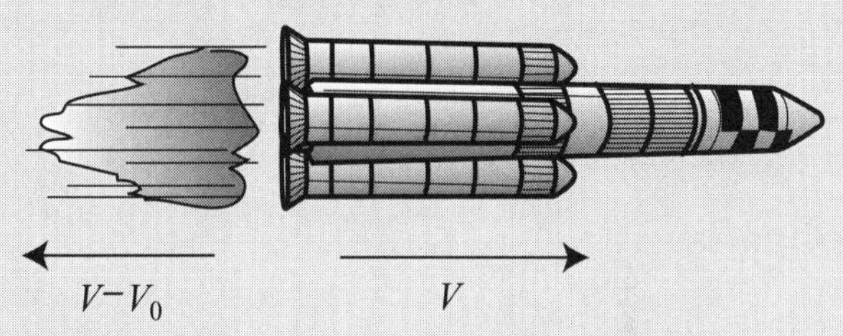

両辺を積分して、

$$\int_0^V \frac{dV}{V_0} = -\int_{M_0}^M \frac{dM}{M}$$

V_0 は定数なので、左辺は V となり、右辺は自然対数の log になるから、

$$V = -V_0[\log M]_{M_0}^M$$
$$= -V_0(\log M - \log M_0)$$

が解になる。あるいは、

$$V = V_0 \log \frac{M_0}{M}$$
$$\left(\therefore \quad e^{V/V_0} = \frac{M_0}{M} \right)$$

これは、宇宙ロケットの教科書には必ずでている有名な式である。言葉でいうならば、

(ロケットの速度) = (燃料噴出速度) × (質量比の対数)

ということになる。「質量比」というのは、ロケットの最初の質量 M_0 と（燃料噴出後の）最終質量 M の比である。通常は、この M が人工衛星などの搭載質量ということになる。

たとえば、化学燃料の典型的な噴出速度 $V_0 = 2.0\,\mathrm{km/s}$ で、ロケットが地球の低い軌道を廻る人工衛星になるためには、速度 $V = 7.9\,\mathrm{km/s}$ が必要だ。つまり、質量比の対数が 3.95 にならないとダメだ。つまり、質量比は、

$$\frac{M_0}{M} = e^{3.95} = 51.9$$

かなり簡略化された計算だが、人工衛星の質量の 50 倍以上の燃料が必要になるわけだ。

さらに重力圏から脱出する速度 $V = 11.2\,\mathrm{km/s}$ までもっていきたいのであれば、対数部分が 5.6 にならないとダメだ。つまり、

$$\frac{M_0}{M} = e^{5.6} = 270.4$$

ということになる。驚いたことに、宇宙探査船の実に 270 倍の燃料がないといけない計算になる。

ロケットの打ち上げをテレビでご覧になったことがあるだろう。巨大なロケットを打ち上げて、何段もブースターを捨てて、最終的に小さな探査船が宇宙空間に放出される理由が、この計算で実感できるのではなかろうか。

もちろん、実際のロケット打ち上げは、ずっと複雑なのであるが……。

さて、ニュートンの運動の法則は、このように偉大なものなのだが、もう一つ、運動の法則から導かれる原理がある。

この原理というのは、我々が静止していても、あるいはまた一直線の上を一様な速さで動いていても、物理学の法則は同じであるということである。例えば、飛行機の上でマリをついている子供からみると、マリは地面でついているときと同じようなはずみ方をするのである。飛行機は非常な速度で飛んでいるのだけれども、その速度が変化しない限り、この子供にとっては、法則は、飛行機がとまっているときと同じにみえるのである。これがいわゆる**相対性原理**である。

（1 巻　10–2　139 ページ）

ちょっと注意が必要だ。

ここに出てきた「相対性原理」はアインシュタインではなくガリレオの相対性原理である。言葉の説明だと意味がわかりにくいが、数式にすると一発で理解できる。ちょっとやってみよう。

まず、飛行機に乗っている子供を「次郎」と名づける。また、地面で飛行機を眺めている子供を「太郎」と呼ぶことにしよう。太郎も次郎もチビッ子サイエンティストなので、「座標系」とか「原点」というような言葉を理解しているものとする（ちょっと無理があるが……）。

太郎の座標系を x と t であらわして、次郎の座標系を x' と t' であらわすことにすると、太郎の原点は $x=0$ だし、次

郎の原点は $x' = 0$ になる。時計は合わせておくことにすると、$t = t'$ であり、時間を測り始める時間は $t = 0$ とする。

さて、次郎が太郎から x 方向に一定速度 v で遠ざかっているとしよう。すると、互いの距離はどんどん離れてゆき、時間 t がたった後には、その距離は vt に達するであろう。

とすると、太郎の座標系と次郎の座標系の間には、

$$x' = x - vt$$

という変換法則がなりたつはずだ。

たとえば、太郎の座標系で $x = 10$ にある物体は、次郎の座標系では、(太郎と次郎の間の距離 vt を差っ引いて) $x' = 10 - vt$ にあることになる。

さて、ファインマン先生がいっている飛行機と地面とで物理法則が変わらない、ということの意味は、ようするに、x という変数をつかっても x' という変数をつかってもニュートンの運動の法則が変わらない、ということなのである。式で書くならば、

$$F = ma$$

が太郎の座標系での運動方程式であり、それから始めて、座標変換をすると、

$$F' = ma'$$

になるだろうか、というのが問題なのだ。もし、そうなるのであれば、物理法則は誰が書いても同じだという意味で「相対性」がなりたっているわけ。

実は、それをたしかめるには、加速度 a を距離 x であらわせばいい（さきほどまでは距離を s と書いてきたが、ここでは x、y、z であらわす）。

$$a = \frac{d^2x}{dt^2}$$

$$a' = \frac{d^2x'}{dt'^2}$$

まず、太郎の法則は、

$$F_x = m\frac{d^2x}{dt^2}$$

であることを確認しておこう。これは正しいものとする。

さて、次郎の法則は、

$$F'_x = m\frac{d^2x'}{dt'^2}$$

のはずだが、問題は、これが正しいかどうかである。

チェックしてみよう。

時間については $t' = t$ だ。そこで、$x' = x - vt$ を t で 2 回微分してみる。

$$\begin{aligned}\frac{d^2x'}{dt^2} &= \frac{d}{dt}\frac{d}{dt}(x - vt) \\ &= \frac{d}{dt}\left(\frac{dx}{dt} - v\right) \\ &= \frac{d^2x}{dt^2}\end{aligned}$$

つまり、次郎が測定する加速度は太郎と同じなのだ。また、これは、（太郎の運動法則から）F_x に等しいから、結局、次郎の運動法則は太郎のものと寸分違わないことになる。

まとめると、太郎と次郎の運動法則は同じ、ということになる。飛行機の例でいえば、飛行機に乗っていても地面にいても物理法則（＝ニュートンの第2法則）は同じなのである。

◆冷静な数学と情熱的な物理学との間

『ファインマン物理学』第1巻の第12章「力の性質」は、ファインマン先生の思想的な側面がよくでた章だといえる。すでに読本の姉妹本『量子力学と相対性理論を中心として』でも触れた憶えがあるが、ファインマン先生は、物理学の本質が「近似」にあると考えていて、それが数学との大きなちがいだという。

> 力の特性のなかでいちばん大切なことは、それが現実の源をもっているということであり、単なる**定義ではない**ということである。
>
> （1巻　12–1　163ページ）

> 簡単な概念というものは、どれも近似である。
>
> （1巻　12–1　164ページ）

> この体系は数学とはたいへんに違うのであって、数学ではあらゆることを定義することができ、我々が現実に何のことを問題にしているか**知らない**のである。じっさ

い数学の栄光は、**我々が現実に何を問題としているかということにふれる必要がない**ということころにある。

（1巻　12–1　165ページ）

我々は自然界の数学をつくることはできない。何故ならば、我々はおそかれ早かれそれらの公理が自然界のものにあてはまるかどうかを知らなければならないからである。こうして我々は、これら自然の複雑な“どろくさい”対象にやがてまきこまれるのである。しかしその近似はだんだん精確に精確にとなっていくのである。

（1巻　12–1　165ページ）

いかがだろう？

数学は厳密であり、人間が定義してつくる世界であるのに対して、物理学は近似であり、（神様から？）与えられている世界であり、常に実験によって理論が正しいかどうかが試される、というのである。そして、物理学は、理論が単純であればあるほど近似という性格が表面化し、理論を複雑にしてゆくにつれて近似も精確になってゆく、というのである。

私はよく物理学者を二つの陣営に分類する。

実在論　物理学は自然界の「実在」を扱う
実証論　実在云々（うんぬん）は人知では計り知れないものであり、理論の数字を実験と比べることで満足すべきであるようするに、実在論は、世界を実感できる「モノ」のイメージでとらえようとするのに対して、実証論は、モノが存在するかどうかはわからないから、ひたすらプラグマティック（実用的）に理論と実験数値を比べろ、というのである。大袈裟な例になるが、それこそ、「月は見ていないときにも存在する」というのが実在論の基本的な考えであり、「見ていないとき、月の実在を云々するのは意味がない」というのが実証論なのである。

もちろん、バリバリの実証論の学者でも、本当に見ていない（＝実験していない）ときに月が消えてしまう、と信じているわけではない。

だが、ニュートン力学を超えて量子力学の領域に踏み込むや否や、粒子の「位置」とか「軌跡」とか「回転」といった物理量が確固たる「モノ」であることをやめて、あいまいになってしまう。

これは、本当にそうなのであって、たとえば電子がA地点からB地点まで動いているときに、途中でどうなっているかは、素朴な実在論では理解することができないのだ。

ちょっと考えただけでも、物凄く小さな物体を測定する場合、測定につかう光子が当たっただけで、相手の物体をすっ飛ばしてしまう可能性がある。となると、測定装置と測定される物体とをワンセットで考えなくてはいけなくなって、話は「物体が存在する」という素朴な実在論ではままならなくなるのだ。実証論にしたがって「物体は測定という行為によって初めて実体化する」というほうが正しいように思われる。

バリバリの実在論者は、数学で記述される世界がそのまま実在する、と考えている。ようするに熱い情熱をもって物理学に邁進(まいしん)しているわけ。

それに対して、実証論の人々は、数学的な世界は理想化の産物であり、フィクションであり、ノンフィクションの物理学とは質的にちがうのだ、と割り切っている。ま、冷静な人々といえるだろう。一種の「あきらめ」の境地といえるかもしれない。

ファインマン先生は、どちらかといえば実証論に属する。だが、天才というのは、そもそも、特定のカテゴリーに属さないようなところがある。だから、ここでは、あえて「実証論寄り」と形容するにとどめよう。

ちなみに、大学者たちの「おおまかな分類」としては、

実在論＝アインシュタイン、シュレディンガー、
　　　　ペンローズ
実証論＝ボーア、ハイゼンベルク、ホーキング

という感じになる。

◆重力は蜃気楼のようなものだろうか

ファインマン先生の真骨頂は、量子力学、電磁気学、相対性理論といってかまわないと思う。このうち、特殊相対性理論については、

第1巻

　15章「特殊相対性理論」

　16章「相対論的エネルギーと運動量」

　17章「時空の世界」

第4巻

　4章　電磁気学の相対論的記述

　5章　場のローレンツ変換

で詳細に扱われている。

だが、相対性理論には実は2種類ある。等速度運動しか扱えない「特殊」な理論と、より「一般」的な運動を扱うことのできる理論である。一般的な運動とは、等加速度運動や、さらには、もっと一般的な運動のことである（あとで出てくるが、アインシュタインは加速度と重力が「等価」だと考えたため、一般相対論は「重力理論」と呼ばれることもある）。

ファインマン先生のお師匠さんであったジョン・アーチボルド・ウィーラーは、一般相対性理論の大家であったので、どうやら、ファインマン先生も一般相対論が得意だったらしい。だから、ファインマン先生自身も一般相対性理論の講義をやっている。

この点は注意が必要なのだが、物理学者たちの大分類には、

　1　量子屋さん

　2　相対論屋さん

というのがあって、昔の物理学者たちは、たいてい、このどちらかに属していて、両方が守備範囲という人は稀だった（勉強するのが大変だし……）。

通常、原子核とか素粒子が専門の人は 1 の量子屋さんに属し、宇宙論なんぞをやっている人は 2 の相対論屋さんに属していた。量子屋さんは（光速に近い速さで飛び回っている素粒子を扱うので）特殊相対論はマスターしていたが、（素粒子の世界では重力は無視するので）一般相対論には疎遠な人が多かった。また、2 の相対論屋さんは、基本的に古典論の世界を扱うので、量子力学には馴染みが深くなかった。

だから、ファインマン先生の年代の物理学者で量子屋さんと相対論屋さんを兼業していたのは、ある意味、驚くべきことなのだ。

最近では、超ひも理論やループ量子重力理論の専門家たちは、量子屋さんと相対論屋さんを兼業しないとやっていけないので、昔の縄張りは崩れた感があるが——。

さて、ファインマン先生の「一般相対論」の講義であるが、第 4 巻 21 章「曲がった空間」は秀逸の一言に尽きる。私もこれまでに数々の相対性理論の本を読んできたが、特殊相対論については、いろいろといい本があるものの、一般相対論のいい入門書には、あまりお目にかかったことがない。

ぶっちゃけた話、一般相対論は、特殊相対論と比べて数学が格段に難しく、概念も難しいので、入門的なプレゼンテーションは困難をきわめる。たとえば、一般相対論の鍵となる概念の一つに「計量」というものがあるが、それを数式なしで説明するのは大変なのだ。それが、ファインマン先生の手にかかると、さらっと直観的に説明されてしまう。

驚きである。

まさにファインマン・マジックというほかはない。

見かけの力の一例は、よく“遠心力”といわれるものである。回転している座標系、たとえば回転している箱の中にいる観測者にとっては、その力の源はわからないが、何か神秘的な力がはたらいて、壁の方に物がほうり出されるようにみえる。これらの力は、この観測者の座標系が、いちばん簡単なニュートンの座標系でないということから起こるだけの話である。

(1巻　12–5　177ページ)

メリーゴーラウンドの馬に乗っていると遠心力を感じるが、誰かに押されているわけではないから、その力の源は神秘的に感ぜられる。実際は、メリーゴーラウンドの外から観察してみれば、馬上の人は直線運動を続けようとする（＝慣性！）のに、馬にまたがっているせいで中心へ引き寄せられているだけの話なのである。つまり、回転運動をしているだけなのである。具体的（＝物理学的）な遠心力という力がはたらいているわけではない。

見かけの力について非常に大切なことは、それはいつも質量に比例するという点である；重力も質量に比例する。だから、**重力それ自身も見かけの力である**という可

> 能性がある。重力というものは、単に我々が正当な座標系によっていないということから生ずるのだということはありえないだろうか？

（1巻　12–5　178ページ）

これがアインシュタインの一般相対性理論への入り口だ。加速度と重力について深く考えてゆくと、どうやら、この二つは区別できないことに気がつく。たとえば加速度計の原理は、バネ秤（ばかり）である。バネに錘（おもり）をぶらさげておく。加速度がかかると、バネは伸びる。その伸びによって、どれくらいの加速度がかかったかがわかる。だが、重力も同様である。バネ秤をもって月へ行ったならば、バネの伸びは地球上の1/6になるであろう。

加速度も重力も測定方法は同じなのだ。

> アインシュタインの有名な仮説は、加速度は重力と同じようなものを生じ、加速度による力（見かけの力）は、重力と区別がつかないというのである；一つの力が与えられたとき、どれだけの部分が重力で、どれだけの部分が見かけの力であるということを知ることは不可能なのである。

（1巻　12–5　178ページ）

この有名な仮説は「等価原理」と呼ばれている。これはアインシュタインの典型的な思考パターンの一つである。アインシュタインの天才は、それまで等しいと思われていなかった二つの概念をもってきて、

「この二つは実験で一緒になるから、理論的にも同じだろう」
と宣言し、もしも厳密に同じならどうなるか、その理論的な帰結を突っ込んで研究する点にある。

　たとえば、アインシュタイン以前には等しいと思われていなかったエネルギーと質量をもってきて、
「質量はエネルギーと等価である」
と言ったり、あるいは、
「加速度と重力は等価である」
と言ったり、さらには、
「時空の曲率（＝曲がり具合）とエネルギー・運動量は等価である」
と言ったり（この最後はアインシュタイン方程式と呼ばれている）。

　もちろん、あらゆる「方程式」は左辺と右辺が等価だと言っているのであり、この思考パターンはアインシュタインに限らない、と言われるかもしれない。だが、私は、アインシュタインの構築した物理学がショッキングなのは、ひとえに、
「一見、等価ではないような物理量が、実は等価だった」
という驚きと発見にあるのだと思う。

　ファインマン先生の一般相対性理論講義の続きは、本書の後半に持ち越すとして、ふたたび力学の問題に立ち返るとしよう。

◆剛体の回転

『ファインマン物理学』第１巻の後半は、オーソドックスに剛体の回転にあてられている。

> 複雑な物体の運動について興味ある定理があらわれてくるのは、まずかたまりや棒などをたくさん紐でつないで空中にほうり出したときの現象である。粒子のときには放物線になるのだから、これも放物線になることは当然である。しかし我々がいま考えているものは、**粒子ではない**；グラグラしたり、ブルブルしたりする。しかしそれでもその途は放物線である；これは目でみればわかる。しかし、**何が**放物線に沿って運動するのか？ かたまりのかどの点ではない。かどの点はグラグラしている；また木の棒のはじでもなければまんなかでもない。けれども**どこかの点**が放物線に沿って運動する。そしてそれは、“中心”の役目をする点である。そこで複雑な物体に関する第１定理は、それに一つの平均位置というものが**ある**ということである。
>
> （1巻　18–1　249ページ）

これは非常に面白い論点だ。重心または質量中心というものは、なにも物体のどこかである必要はない。それは、たとえば楽器のトライアングルを思い浮かべればわかる。トライアングルを空中に投げ上げるとしよう。すると、それは、点粒子と同じく放物線を描いて落ちてくる。だが、トライアングルのあらゆる部分がきれいな放物線を描くわけではない。それは全体として揺れ動き、回転すらしているかもしれない。それでも、三角形の真ん中あたりの仮想的な点、すなわち質量中心だけは、きれいな放物線運動をするのである。

ファインマン先生の講義の特徴の一つは、学生が抱くであろう素朴な疑問を次々と先取りして説明してくれる点だ。

たとえば、この質量中心にいても、慣性の法則が適用されるから、最初止まっていれば、永遠に止まっているし、最初に一定速度で動いていれば、永遠にその速度で動き続けることを述べたあと、ロケットの例で情況を説明してくれる。

> 質量の中心を動かすことができないというなら、ロケット推進は絶対に不可能ということになるか？ そうではない；大切な部分を推進させるには、大切でない部分を投げすてなければならないのである。いいかえれば、はじめ静止しているロケットの後端から気体をふきだすと、気体塊はこっちへ来てロケット船はあっちへ行く。しかし質量の中心は、前にあった位置から少しも動かない。つまり、我々は大切でない部分に対して、大切な部分を動かすだけのことである。

（1 巻　18–1　251 ページ）

そうなのである。ロケットの推進というのは、かなり原始的（失礼！）な方法によっている。ようするに反動をつかっているだけなのだ。小さな小舟の上に立って後ろに大きな荷物を投げれば、その反動で舟は前に進む。それと同じことをやっているだけなのだ。

実際、（すでに練習問題で計算したように！）現在のロケットの質量のほとんどは「後ろに投げ捨てる」ための燃料なのである。

同じ大きさで同じ質量の箱が二つあってくっついているとする。その箱の質量中心は、当然のことながら、箱と箱の境目にある。箱が互いに分かれてゆくとすると、この二つの箱の系の質量中心は、箱と箱の真ん中の何もない点ということになる。この質量中心は、外部から力がはたらかないかぎり、ずっと同じ位置にあり続ける。

column

ファインマン先生の遺産を巡る争い？

ファインマン先生にしろ「車イスのニュートン」の異名をとるスティーヴン・ホーキングにしろ、学問の世界から抜け出て、一般社会で有名になると、決まってお金の問題が浮上する。

多額の印税は、家族を仲たがいさせたり、仕事場と揉(も)めたりする原因になる。

ゴシップ記事の類いも多くでることになるが、その大半は、まあ、ゴシップにすぎない。

だが、たとえば権威ある科学専門誌「サイエンス」の1998年8月21日号（*Science*、vol.281、p.1137）には、「ファインマンの家族がカリフォルニア工科大学を訴える」という物騒な記事が載っている。

これは、1993年の9月に『ファインマン物理学』に含まれていなかった遺稿（講義テープ）が発見され、カリフォルニア工科大学教授のデヴィッド・グッドスティーンと妻のジューディス・グッドスティーンが「ファインマンの失われた講義」として本を出版したことにファインマン先生の遺族が異議を唱えて裁判沙汰になったもの。

その後、和解したようで、この本は、名著としていまだに手に入る（日本語版は岩波書店から『ファインマンさん，力学を語る』として出版されている）。

なお、ホーキングとくらべると、ファインマン先生は、驚くほどマスコミのゴシップ記事が少ない。嘘だと思う読者は、Google で検索してみてはいかがだろう？

第2章

熱力学の存在意義

READING
“THE FEYNMAN LECTURES
ON PHYSICS”

The Feynman

"the entire universe is in a glass of wine"

「宇宙なんてグラス 1 杯のワインなのさ」
——ファインマン

◆マクロの熱力学はミクロの統計力学に「還元」できるか

本書の第２のテーマである「熱力学」に入るとしよう。『ファインマン物理学』では、熱力学関係のテーマは、第2巻の

第14章　「気体分子運動論」
第15章　「統計力学の原理」
第16章　「ブラウン運動」
第17章　「分子運動論の応用」
第18章　「拡散」
第19章　「熱力学の法則」
第20章　「熱力学の説明」
第21章　「爪車と歯止め」

の8章にわたって展開されている。

だが、この部分を読んでみると、どうにも解せない「違和感」がある。それは、一言でいうと、熱力学が紋切り型な説明に終わっていて、端折(はしよ)られているとしか思えないのである。実際、熱力学そのものをあつかっているのは、19章、20章、21章の3章だけである。力学や電磁気学や量子力学と比べて、これでは、あまりにも熱力学に割くべきページ数が少ないのではないか？

これは私の印象なのだが、やはり、ファインマン先生は、量子論のような物質のミクロの本質のほうに興味があって、熱力学のような現象論的な側面の強い分野には、今ひ

とつ興味がわかなかったように思われる。

熱力学という学問は、そもそも、ミクロの世界で起きていることはわからないので、とりあえずブラックボックスにしておいて、巨視的な物理量の間の関係を論じよう、という開き直りともいえる態度から出発する。

つまり、個々の分子の挙動は問わず、たとえば、たくさんの分子が壁にあたったときの力の平均を「圧力」と呼んで、そういった少数の巨視的な物理量で大々的に近似しようというのである。

> これまでのところ、われわれは原子論的な立場から物質の性質を論じてきた。すなわち物質がある法則に従う原子からできているとして、どのようなことが起こるかそれを大まかに理解しようとしてきた。しかし物質の諸性質の間の関係のうちには、物質の詳しい構造を考慮することなしに調べられるものも、数多くある。物質の内部構造を知ることなしに、物質の諸性質の間の関係を確立することが、**熱力学**の課題である。歴史的にも、物質の内部構造を理解するに至らない以前に、熱力学が発展していたのである。

（2巻　19–1　255ページ）

それでは、現在のように素粒子論が進展して、物質が何からできているのかが（それなりに）ミクロのレベルでわかってしまったら、熱力学はいらなくなるのかといわれれば、そうでもないらしい。

ファインマン先生は物理学のあらゆる分野を深く理解し

■熱力学法則のまとめ

●第1法則（エネルギー保存の法則）
系に入った熱量＋系に対してなされた仕事＝系の内部エネルギーの増加

$$dQ + dW = dU$$

●第2法則（熱現象の不可逆性）
→トムソン流の言い方
一つの熱源から熱を取り出し、それをそのまま仕事に変え、
それ以外の変化を起こさないことはできない。
→クラウジウス流の言い方
低温熱源から高温熱源へ熱を移動するとき、
それ以外の変化を起こさないことはできない。

●エントロピーの定義
温度Tの系にΔQの熱量が与えられた時、系のエントロピーの増加は

$$\Delta S = \frac{\Delta Q}{T}$$

●第3法則
絶対零度　$T=0$　で　$S=0$。

ていた珍しく幅の広い物理学者だが、それでも全知全能というわけではない。ファインマン先生が熱力学をどう考えていたのか、本当のところは、わからないが、『ファインマン物理学』における軽いあつかいをみるかぎり、ミクロの物質構造がわかってきた以上、熱力学の重要性は低くなっている、と判断しているように思われる。

これは、科学思想の立場からは、「還元主義（reduction-ism）」といわれるものだ。つまり、分子は原子からできていて、原子は原子核と電子からできていて、原子核はクオークからできていて、電子やクオークにはたらく力は量子論的には光子やグルーオンといった素粒子が媒介する……さらには、そういった全素粒子も超ひもからできて

いる（？）という具合に、どんどん基礎的な構成物質へと説明を「還元」してゆくのである。

熱力学は、物質構造の物理学へと還元される。多数の分子や原子のふるまいは、統計力学という学問で記述されるし、最終的には量子論による説明が必要になるから量子統計力学へと還元される……。

私には、ファインマン先生が、熱力学は、より基礎的な理論に還元される、と考えていたように思われる。

素粒子や量子論が専門の学者は、多かれ少なかれ、こういった還元主義的な思想をもっている。だから、熱力学は、すでに歴史的な意味しかもたない過去の遺物だと（内心）考えている節がある。

これについては、私自身もそうであったし、昔、私の周囲にいた素粒子論の学者たちもそうだったように思う。だが、ここには大きな落とし穴がある。

放っておいても二つの系の間の状態が変化しない場合、二つの系は「平衡状態にある」という。還元論的な統計力学の立場では、いまだに平衡状態しか厳密にはあつかえない。ところが、世の中の興味ある系の多くは非平衡状態にあり、そのような場合は、熱力学であつかうしかない。

> 熱力学の対象となるのは、単に平衡状態の性質だけでなく、平衡状態の間の（許される範囲内での）任意の操作による移り変わりとその際のエネルギーのやりとりなのである。操作の前後が平衡でありさえすれば、途中でいかに荒々しい非平衡の時間変化がおきても、熱力学は定量的に厳密に適用できる。しかし、現在完成している統

計物理学では、このような荒々しい時間変化を含む問題には手も足もでない。

（『熱力学　現代的な視点から』田崎晴明著　培風館　14ページ）

つまり、実際に説明を「還元」できるのは、熱力学の一部だけであり、今のところ、マクロの現象を完全にミクロの理論で説明することはできていないのである。

だが、なんとなく、原理的に還元できそうな気がするので、熱力学の専門家以外は、認識が甘いのである。

とはいえ、ファインマン先生は、最初は門外漢だったのに、いつのまにか統計力学の研究にものめりこんでいって、教科書まで書いている。非平衡の問題も充分に認識していたにちがいない。

だが、いずれにせよ、学生向けの講義である『ファインマン物理学』においては、熱力学のあつかいは軽い。

column

物理帝国主義とはなんぞや？

「物理帝国主義」という言葉をご存知だろうか？

自然科学の学問群の中で、物理学というのは、一種独特の位置を占めている。生物学や化学と比べても、物理学は、やたら数学を使うし、どことなく「難解」で「高級」なイメージがつきまとう。

生物の身体は分子からできているので、化学に還元できる、という人がいるかもしれない。

だとすれば、分子は原子や電子からできているので、物理学に還元できる、といってもいいだろう。

実際、宇宙の森羅万象は、最終的には物理学の方程式で記述できなくてはいけないから、人類の学問も全て、原理的には物理学に還元されてしまう！

まあ、そのような発想や態度のことを「物理帝国主義」と呼ぶのである（フランス文学者の桑原武夫博士が初めに使ったそうだ）。

これは、究極の還元主義だといえよう。

この帝国主義に反旗を翻す反乱軍は、（還元論の反対の）「全体論」とか「システム論」ということになるのだろう。あるいは「創発（イマージエンス）」（emergence）というのも反乱軍の重要なモットーの一つだろう。

システム全体の「つながり」によって、個々の構成要素には還元できない新たな性質が生まれる、という考え方も徐々に物理学者たちに浸透し始めているような気がする。

最近では、物理学から脳科学へと転身する人も多いが、たとえば人間の「恐怖」の感情を個々のニューロンに還元することは難しいわけで、どうしても脳神経のネットワーク構造……いや、それどころか身体および環境も含めた全体……を見ないと説明はおぼつかないだろう。

人知の発展とともに、物理帝国主義は、音をたてて崩れつつある。

◆指数関数が登場する理由（わけ）

熱力学関係の話題は、勢いトピックス的なご紹介になってしまう。本書も、後半にゆくにつれて「雑録」(英語でいうところの miscellanea）の性格が強くなる。ファインマン先生の科学思想やアイディアのうち、これまでに取りこぼした部分を補う、という意味が込められているので、あしからず。

さて、私が学生のときに熱力学について不思議に思っていたことの一つに「ボルツマンの法則」がある。いろいろな教科書でお目にかかるのだが、なぜそうなるのか、今ひとつ納得がゆかなかった。それは、

$$n = ae^{-\mathrm{P.E.}/kT} \ (a \text{ は定数})$$

という恰好をしている。n は $1\,\mathrm{cm}^3$ に含まれる分子数で、P.E. はポテンシャル・エネルギーで、k は「ボルツマン定数」と呼ばれる定数で、T は絶対温度（＝ケルビン）だ($k = 1.38 \times 10^{-23}$ ジュール／ケルビン)。

これは古典力学でもなりたつが、量子力学に移行しても基本的には同じ恰好のままだ。

> 量子力学によると、たとえば振動の場合のように、ポテンシャルで束縛された系は、一組のとびとびのエネルギー準位、すなわち異なるエネルギーの状態をもつことを思い出しておこう。(中略）分子のいろいろな状態のエネルギーを、たとえば E_0、E_1、E_2、…、E_i、…とすれば、熱平衡の状態において、エネルギー E_i をもつ特

定の状態に分子が存在する確率は $e^{-E_i/kT}$ に比例することになる。

（2巻　15–6　209ページ）

量子力学ではエネルギーは階段状の飛び飛びの値をとるが、ボルツマンの法則の恰好自体は同じなのである。これは、ようするに、高いエネルギー状態にある分子の割合は指数関数的に小さくなる、ということである。

でも、なぜ指数関数なのか。

この素朴な疑問に対して、ファインマン先生は、きわめて卑近な例から話を始めてくれる。

まず、一つの例から始めよう。それは大気中の分子の分布の例である。この地球の大気のようなものを考えてよいが、ただし風もなく、そのほかにもそれをかき乱すものはないとする。ひじょうな高さまで延びている気体の柱を考えるが、それが熱平衡にあるとする——この点で、上に昇るほど冷くなるわれわれの大気とはちがっている。

（2巻　15–1　197ページ）

次のページの図の左側の細い「通路」には小さな球が入っているものとする。この球が空気分子の振動を伝えるので、結果的に上下の温度は等しくなる。

さて、このような空気の柱において、高さ h のところの圧力は高さ（$h+dh$）のところの圧力と比べてどうなるだろうか？

■温度一定の空気の高さによる圧力の差
空気の重さの分だけ下側の圧力が大きい。圧力と空気の密度は高さhの関数になる。

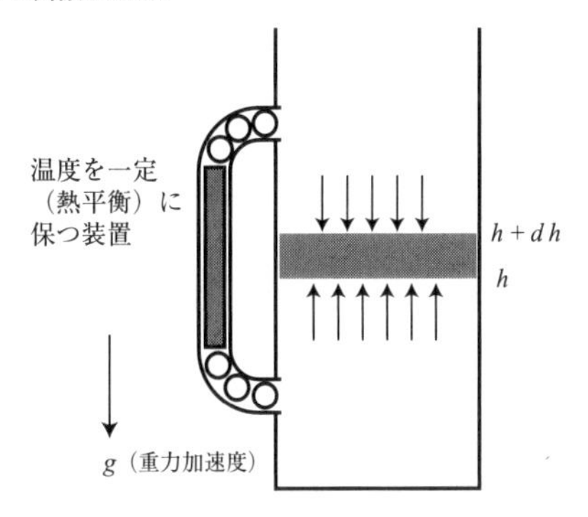

答えはカンタンで、空気には重さがあるので、下のほうが圧力が大きくなるのである。その関係は、

$$dP = -mgndh$$

とあらわすことができる。ここで dP は圧力差 $P(h + dh) - P(h)$ で、m は分子一個の重さ、n は単位体積中の分子数である。ところが、われわれは、$PV = NkT$ もしくは $P = nkT$ という理想気体の式を知っている。だから、圧力 P は消去できて、分子数 n だけの方程式が得られる。

$$\frac{dn}{dh} = -mgn/kT$$

もちろん、微分して自分自身に戻る関数は指数関数にほかならない。n を微分したら n（に係数のかかったもの）に戻るのである。これは、一種の自己相似である。微分というのは、一部分を拡大表示するようなものだが、そうすると、元と同じ形がみえるからである。

$$n = n_0 e^{-mgh/kT}$$

ここで n_0 は定数で、$h = 0$ における密度だ。

あたりまえといえばあたりまえだが、このようなカンタンな例を示されると、あらためて、世の中に指数関数の法則が多い理由も理解できたような気にさせられるし、ボルツマンの法則も違和感なく受け入れることができるようになる。

◆レーザーの原理

『ファインマン物理学』を読んでいると、たまにハッと目からウロコが落ちるような体験をすることがある。

私の個人的な体験では、ファインマン先生のレーザーの解説が、そのような名講義の一つに感ぜられた。

どんな人でも物理学のあらゆる分野がわかっているわけではない。私の場合は、相対性理論と量子力学には、それなりの自信があるが、物性やエレクトロニクス関係は弱い。お粗末な話で申し訳ないが、レーザーの原理についても、学生時代に頭に霞がかかったように理解できていなかった状態から抜け出せないでいた。

ところが、『ファインマン物理学』の第 2 巻、第 17 章「分子運動論の応用」をカルチャーセンターで読み進めていて、いきなり長年の疑問が氷解した。

私が学生時代の量子エレクトロニクスの授業で理解できなかったのは、

1　レーザーの発振の原理
2　鏡で反射しているのに、レーザーはどこから出てゆくのか

といった、きわめて初歩的な問題だった。素朴な疑問ともいう。

量子エレクトロニクスの専門家からすれば、こんなことは、馬鹿みたいな疑問なのだろうが、レーザーが出る理由は、私には、相対性理論や量子力学の細かい計算よりもはるかに難しい問題だったのだ。

ファインマン先生は、第 2 巻の 17–5 節「アインシュタインの輻射の法則」において、まず、有名なプランクの公式を紹介する。

振動体はある平均のエネルギーをもたなければならない。そしてそれが振動しているので、それは光をだし、吸収と発散とが釣り合うまで空洞に輻射が蓄積されるように、輻射を注ぎつづけるであろう。このようにして、振動数 ω の輻射の強さは

$$I(\omega)d\omega = \frac{\hbar\omega^3 d\omega}{\pi^2 c^2 (e^{\hbar\omega/kT} - 1)} \qquad (17.12)$$

という式で与えられることがわかった。

（2 巻　17–5　238 ページ）

ここで h に横棒がささった記号は、量子力学にでてくるプランク定数を 2π で割ったもので、「エイチ・バー」とか「ディラックのエイチ」と発音する。

次にファインマン先生は、アインシュタインが考えた3つの過程に言及する。

1　吸収
2　自然放出
3　誘導放出

これは階段の昇り降りみたいな情況だ。原子に外部から（ちょうどいい振動数の）光が当てられると、原子は、エネルギー準位と呼ばれる階段を昇って、より高いエネルギー状態になる。この吸収は光の強さ $I(\omega)$ に比例する（ω は振動数で、I は英語の intensity ＝強度の頭文字）。光が強いほど、原子は、それに「押されて」階段を昇るというのである。

きわめて自然な考えだ。

■原子のエネルギー準位の遷移

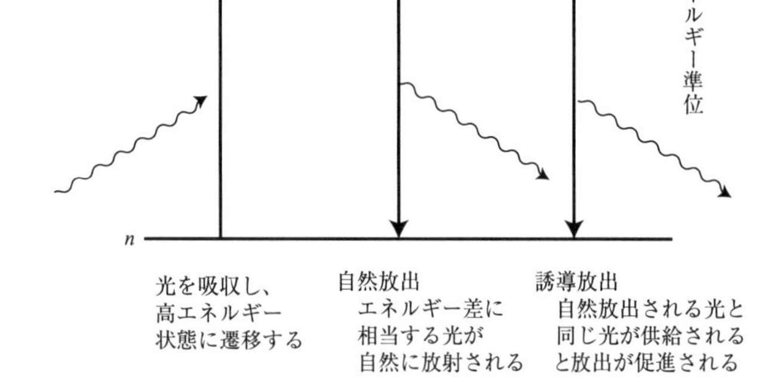

次に、原子は、ほうっておいても自然に階段からポロポロと落ちてくる。これを自然放出という。これも、まあ、あたりまえの考えといえるだろう。

しかしアインシュタインはさらに進んで、古典理論との比較やその他のことから、放出は光の存在にも影響されると結論した。すなわち適当な振動数の光が原子を照す場合、光子を放出する割合が光の強さに比例して増加するとした。このときの比例定数を B_{mn} とする。後でこの係数が 0 ということになれば、アインシュタインは間違っていたことがわかるわけである。もちろん彼は正しかったのである。

（2 巻　17–5　239 ページ）

この誘導放出は、ある意味、驚くべき仮定である。なぜなら、ちょっと考えると、光に照らされたら光を「吸収」するのは自然だが、アインシュタインは、光に照らされると逆に光が「放出」されやすくなるというのだ。

いったい、どういうことだろう。

これは、イメージとしては、お風呂に水をどんどん入れてゆくと「入れれば入れるほど上からあふれ出す」ような感じだろう。

さて、温度 T において、原子の 2 つのエネルギー準位 n、m にある原子の数をそれぞれ N_n、N_m と書こう。また、高い m から低い n へ自然に落ちる割合（%）を A_{mn}、光の強さに比例して落ちる割合を $B_{mn}I(\omega)$ と書くと、1 秒間に m から n に落ちる原子の総数は、

$$R_{m\to n} = N_m[A_{mn} + B_{mn}\, I(\omega)]$$

となるし、逆に n から m に上がる原子の総数は、

$$R_{n\to m} = N_n B_{nm}\, I(\omega)$$

となる。

さて、m から n に落ちる数と逆に n から m へ上がる数とが等しいとき、われわれは系が「熱平衡にある」という。それをあらわすには、上の二つの式をイコールで結べばいい。

これだけでは何もわからないが、統計力学のボルツマン分布によれば、低いエネルギー状態 n に比べて高いエネルギー状態 m にいる原子の数は、指数関数的に少なくなる。どれくらい少なくなるかといえば、エネルギーの差の分であり、

$$N_m = N_n e^{-\hbar\omega/kT}$$

と書くことができる。

この式を熱平衡の等式に代入すると、

$$I(\omega) = \frac{A_{mn}}{B_{nm}e^{\hbar\omega/kT} - B_{mn}}$$

になるが、これは、プランクの式に等しくなくてはいけない。つまり、

$$1 \quad B_{nm} = B_{mn}$$

$$2 \quad \frac{A_{mn}}{B_{nm}} = \frac{\hbar\omega^3}{\pi^2 c^2}$$

ということになる。これで、A_{mn} がわかれば B_{mn}（=

B_{nm}）がわかるし逆もまたしかり。

吸収係数と誘導放出係数が等しいということは、やはり、お風呂の水があふれ出るようなイメージが、まんざら嘘でない、ということである。

この一連の議論をファインマン先生は、ほぼ４ページ（原書では２ページと三分の一）であざやかに解説してくれている。

> さて、なにか熱的でない方法によって、気体内で m の状態にある原子の数が n の状態にある原子の数よりずっと上まわるようにすることができる。（中略）一方、光が存在すれば、この上の状態からの光の放出を誘発する。それで上の状態にたくさんの原子があれば、一種の連鎖反応が起こる。この場合は、原子が光を放出し始めた瞬間、ますます放出を強める働きをする。それで原子の全部が一緒になだれ落ちることになる。これは光の場合**レーザー**（laser）といわれ、遠赤外の場合に**メーザー**（maser）といわれるものである。
>
> （2 巻　17–5　240–241 ページ）

歴史的には、最初にメーザーが実験的に検証され、それが量子エレクトロニクスという分野の幕開けになった。

■メーザー、レーザーの模式図

光を当てると原子たちが高い準位 h に励起され、さらに一段下の準位に自然に遷移し、その準位の原子が多くなる。そうして誘導放出のきっかけを与えると溜まったものが足並みを揃えて（位相を揃えて）一気に放出される。

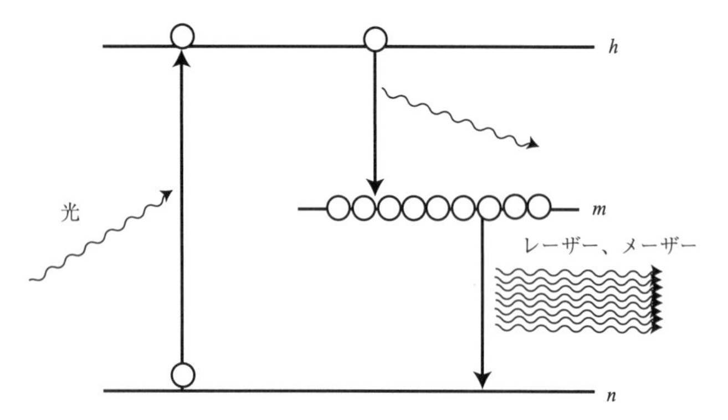

column

公園の散歩からメーザーが生まれた

メーザーの実験的な実証はチャールズ・タウンズによるものだが、その誕生劇は、科学史の観点からも興味深い。

たしかにメーザーやレーザーの原理そのものは、アインシュタインのアイディアに尽くされている。だが、その本質は、やはり量子力学の守備範囲に属する。

また、技術的にもさまざまな障害があった。たとえば、実用に耐えるほどの量の光を取り出すためには、凄くたくさんの数の分子（あるいは原子）を励起させなくてはならない（高いエネルギー状態に上らせないといけない）。だが、それには高温にする必要がある。

すると、高温すぎて分子はバラバラに乖離（かいり）してしまうのだ。

実際、タウンズの当時のボスであったポリカプ・クッシュ（1955年度ノーベル物理学賞）とイシドル・アイザック・ラビ（1944年度ノーベル物理学賞）が、ある日、連れ立ってタウンズの研究室に入ってきた。二人のノーベル物理学者とタウンズの間には、こんな会話が交わされた。

「いいか、チャーリー。君の実験はうまくいかんよ。分子ビーム分野にかかわる私たちから見ても、あれはモノにならん。きみだって判っとるんだろう？　もう潮時だ。きみは学科の予算を浪費している」
「嫌です。実験はうまくいくと思っていますから、続けます」

これは、タウンズ自身が「ネイチャー」誌に当時を振り返って書いている場面だが、二人の大御所から研究中止勧告を受けて、それを平然と突っぱねたのだから、たいしたタマだと思う。エライ！

それで、タウンズは、クビになる瀬戸際だったのが、ほどなくメーザーの発振を確認して、物理学界にセンセーションを呼び起こし、1964年にはめでたくノーベル物理学賞を受賞することになる（ファインマン先生のノーベル賞の前年！）。

さて、タウンズがメーザーの着想を得たのは、ワシントンDCにあるフランクリン公園という場所だった。もともと海軍に仕事を頼まれていたタウンズは、ワシントンDCで会議を主宰していたが、たまたま部下のアーサー・レオナルド・ショーローと同じホテルの部屋に泊まっていた。朝早く目覚めてしまったタウンズは、ショーローを起こすのが可哀想だと思って、ぶらりとホテルの外に散歩に出た。そして、ベンチに座って、ボーッと考えを巡らせていたときに「閃（ひらめ）いた」のだという。

そのひらめきとは、もちろん、ファインマン先生が「なにか熱的でない方法によって、気体内で m の状態にある原子の数が n の状態にある原子の数よりずっと上まわるようにすることができる」と述べている部分にほかならない。アインシュタインは熱平衡という仮定で研究をしたわけだが、熱平衡のままであれば、全体が高温になりすぎて「融けて」しまう。不思議なことに、誰もこの仮定そのものを疑うことをしなかったのである。だが、タウンズは、朝の散歩で立ち寄った公園のベンチで、「もしも熱平衡でなくてもよかったら？」という抜け道に気がついたのである。

よく英語で突破口のことをブレークスルー（breakthrough）というが、まさに科学的なブレークスルーにつながる着想だった。

なお、このときホテルの部屋でグーグーいびきをかいて寝ていたショーローがその後どうなったかというと、1981年にレーザーへの貢献が認められて、やはりノーベル賞を受賞している。

うーん、なんだか、ノーベル賞を取っている人々がみんな師弟関係にあって内輪のような気もするが、ま、いいか。
参考：「Making waves」Charles H. Townes、*Nature* vol.432 (153)/11 November 2004

ファインマン先生は、学生時代の私の素朴な疑問にもきちんと答えてくれている。

この系をふつうの箱の中に入れると、誘導効果にくらべて自発的な輻射はいろんな方向に向うので、始末が悪い。しかし箱の側面をほとんど完全な鏡にしておくと、誘導効果を高めて、効率を増すことになる。つまり放出された光が反射を繰返している間に、放出を誘発する機会を、幾度も幾度も、もつことになるからである。鏡がほとんど100%の反射率をもつとしても、僅かな部分は透過するので、すこしの光は出ていくのである。

（2巻　17–5　241ページ）

いや、ありがとうございます。よーく、わかりました。

◆ファインマンのラチェット

第2巻の第21章「爪車と歯止め」はファインマン流の物理学講義の真骨頂という感じがする。この部分は、インターネットで「Feynman's Ratchet」で検索していただくとおわかりになるはずだが、かなり有名なのだ。
「ファインマンのラチェット」（＝爪車〈つめぐるま〉）が、どうして有名になったのか定かでないが、現在でもたくさんの研究論文がでているのである。

そういえば、先日、友人の脳科学者の茂木健一郎や複雑系の研究者である東大教授の池上高志さんたちと熱海に行ったとき、砂浜で池上さんが、

「ファインマンのラチェットのモデルは、いまだに影響力が大きいねぇ」

と感慨深げに語っていた。

ファインマンのラチェットって何だろう？

それは、こんな恰好をしている（ぶらさがっているのは蚤（のみ）です！）。

左の箱にはラチェットと歯止めがある。ラチェットとい

■ファインマンのラチェットのモデル

左の歯車（ラチェット）は一方方向にしか回転できないようになっている。右の箱の温度が高ければ（空気の分子が激しく羽根に当たるので）羽根の運動が激しくなり左側のラチェットも回転し、ノミが持ち上がる。
二つの箱の温度が等しくても、とりあえず空気分子が羽根に当たって羽根が動き（一方方向に）ラチェットは回転するからノミが持ち上がる。
つまり、温度が等しいのに仕事が発生したことになる！　どこかがおかしいのだ。

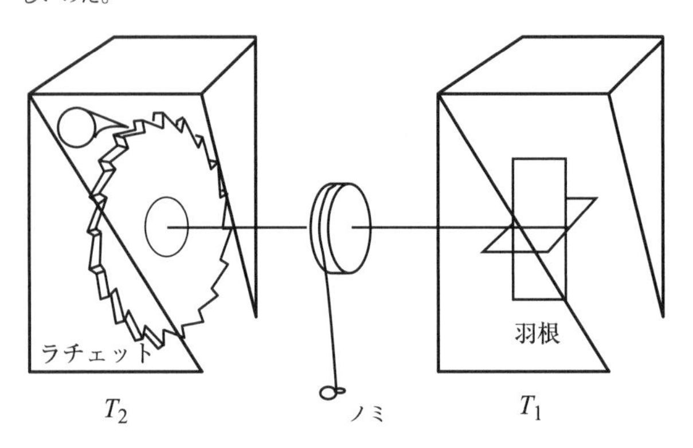

うのは、ギザギザのついた円盤であり、歯車に似ている。ギザギザが斜めなので、歯止めをつけることにより、一方向にしか回転しないようになっている。

右の箱には軽い羽根が入っている。

羽根とラチェットは同じ軸でつないであり、軸からはひもが垂れていて、その先端には小さな蚤がぶら下がっている。

当然のことながら、右の箱の温度が左の箱の温度より充分高ければ、この装置は（設計者の意図どおり）一方向にだけ回転して、ちゃんと蚤を釣り上げることができる。

あたりまえだ。

しかし、ファインマン先生は、この単純かつ奇妙な機械を教育的な見地から考案して、なぜ永久機関がつくれないかを学生に納得させようとしているのである。

> 熱力学の第二法則を破る装置を工夫することからやってみよう。すなわち、すべてが同じ温度にあるとき、熱源から仕事をとりだす装置である。
>
> （2 巻　21–1　284 ページ）

さて、この装置において二つの箱の温度が同じ（$T_1 = T_2$）だとすると何が起こるだろうか？

右の箱の中の羽根は軽いので、気体分子の衝突によりゆれ動く。分子の衝突はランダムなので羽根が右に回転する確率と左に回転する確率は同じである。軸が歯止めのついたラチェットにつながっているため、右には回転できるが左には回転できないから、一見、左右の箱の温度が同じでも一方向に回転して、それが永久に続くように思われる。温度差がないのに仕事が取り出せそうに見える。もちろん、そんなことはありえない。

いったいなぜか？

ファインマン先生は、まず、歯止めが機能するには、バネによって元の位置に戻るようになっていないとだめなことに注意を喚起する。次に、バネによって歯止めが元の位置に戻ったときの跳ね返りを指摘する。もちろん、大きく跳ね返ってしまうと、跳ね返っている間に歯車が逆回転してしまう可能性がでてくるので、蚤は上がったり下がったりするだけで、永久機関は台無しになってしまう。だから、歯止めとバネにはダンパー（＝緩衝装置）がついていないといけない。

この部分、訳書では「制動」となっていてわかりにくいが、原文は、

> … an essential part of the irreversibility of our wheel is a damping or deadening mechanism which stops the bouncing.
>
> われわれの車輪が逆回転しないために必要不可欠なのは、跳ね返らないための緩衝装置である。
>
> （原書１巻　46–1　竹内訳）

となっているので、ようするにショックを吸収するメカニズムのことである。まさにバウンドを「殺す」のである。ここらへん、ファインマン先生の英語の語り口の妙は、ど

うしても翻訳だとニュアンスが伝わりにくい。翻訳者も大変だ。

ところが、そうやって苦労してダンパーをつけたとしても、そのダンパーがショックを吸収し続けているうちに熱がたまって、周囲の空気も熱くなってしまう。すると、ある時点で、ダンパーもラチェットも歯止めも熱運動により揺れ動く確率が高くなり、誤作動が起きることになる。つまり、熱振動により歯止めがはずれた瞬間に羽根が逆回転してしまうのである。

> In spite of all our cleverness of lopsided design, if the two temperatures are exactly equal there is no more propensity to turn one way than the other. The moment we look at it, it may be turning one way or the other, but in the long run, it gets nowhere. The fact that it gets nowhere is really the fundamental deep principle on which all of thermodynamics is based.

> 智慧を絞って片方にだけ廻るよう設計したにもかかわらず、左右の箱の温度が完全に同じならば、片方にだけ回転する傾向はみられないのである。たまたま装置を見たときには、ある方向に回転しているかもしれないが、長い目で見れば、正味の回転はゼロである。正味の結果がゼロという事実こそは、熱力学全体の基礎となる奥深い原理なのだ。

（原書１巻　46–2　竹内訳）

ナルホド。ダンパー装置まで含めてきちんと分析すると、やはり温度差のないところから正味の仕事（＝一方向の回転）をとりだすことはできないらしい。

実をいえば、個人的な体験として、どんな教科書を開いても、熱力学という学問は、隔靴掻痒（かっかそうよう）、奥歯に物が挟まったような説明に終始してばかりで、苛々させられていたのだが、さすがにファインマン流の説明は明快かつ説得力がある。ここにきて、脱帽、という感じである。

というわけで、熱力学については、ファインマン先生があつかいを軽視している、という文句から始めてしまったが、この原書第1巻の46章（岩波版第2巻の21章）だけでも、熱力学の醍醐味（だいごみ）を味わうことができて、かなり満足である。

この章の終わりの部分では、可逆性と不可逆性に対するファインマン先生の「思想」が語られる。少し長いのだが、かなり重要な「独白」になっているので、原書から引用してみよう。

Another delight of our subject of physics is that even simple and idealized things, like the ratchet and pawl, work only because they are part of the universe. The ratchet and pawl works in only one direction because it has some ultimate contact with the rest of the universe. If the ratchet and pawl were in a box and isolated for some sufficient time, the wheel would be no more likely to go one way than the other. But because we pull up the shades and let the light out, because we cool off on the earth and get heat from the sun, the ratchets and pawls that we make can turn one way. This one-wayness is interrelated with the fact that the ratchet is part of the universe. It is part of the universe not only in the sense that it obeys the physical laws of the universe, but its one-way behavior is tied to the one-waybehavior of the entire universe. It cannot be completely understood until the mystery of the beginnings of the history of the universe are reduced still further from speculation to scientific understanding.

ラチェットと歯止めのように単純で理想化された物であっても、それが宇宙の一部であるがゆえにうまく動くということは、われわれがやっている物理学という学問の歓びの一つであろう。ラチェットと歯止めが一方向にしか動かないのは、それが宇宙の残りの部分と究極のつながりをもっているからだ。もしもラチェットと歯止めを箱に入れて、充分に長い間、孤立させておいたならば、歯車はどちらか一方向に回転することなどない。覆いを取り払って光がでてこられるようにしてやり、地面に触れて冷えて、太陽から熱を受け取るからこそ、われわれが作るラチェットと歯止めは一方向にだけ回転できるのである。この一方向性はラチェットが宇宙の一部であることと関係している。宇宙の一部だというのは、それが宇宙の法則にしたがうという意味だけでなく、その一方的なふるまいが宇宙全体の一方的なふるまいと結びついている、という意味でもある。宇宙開闢時のミステリーが、憶測の域を抜け出て科学知識になるまで、それを完全に理解することはかなわない。

（原書 1 巻　46–5　竹内訳）

なるべく岩波版の訳にしたがって読んでいきたいのだが、たまに訳がわかりにくい箇所があるので、気分転換も兼ねて、ちょっと原書を軟らかく竹内流に訳してみました(いやあ、『ファインマン物理学』は、厖大な量の翻訳なので、本当に訳者も編集者も大変だったと思います……)。

ファインマン先生は、ここで「時間の矢」と深く関連する問題を考えている。ニュートンの方程式にしろ、マクスウェルの方程式にしろ、アインシュタインの方程式にしろ、量子力学の方程式にしろ、物理学の基礎方程式は、みな可逆的にできている。いいかえると、方程式において時間 t を逆さまにして（$-t$）にしても方程式はなりたつ。

ところが、映画のフィルムを逆廻しにするとおかしいように、あるいは、覆水が盆に返らないように、世の中は、どう考えても一方向にしか動いていない。時は元に戻らない。

物理学の基礎方程式は逆に廻せるのに、どうして、世の中は、逆に廻せないのか？

世の中の「方向」と関係する物理量は「エントロピー」と呼ばれている。エントロピーとは「乱雑さ」のことであり、エントロピーが増大する、という熱力学の第 2 法則は、系の秩序がどんどん壊れる一方だ、ということを意味する。

なぜ、世の中には、このような方向性があるのか？

ファインマン先生は、カンタンな思考実験により、エントロピーが増大する理由を推測する。仮にあなたの周囲になんらかの「秩序」があるとしよう。観察する範囲を拡げてみたらどうなるのだろうか。

ここには競合する二つの仮説がある。

仮説１　世の中の秩序や無秩序は偶然の産物である
仮説２　世の中の秩序や無秩序は宇宙の初期条件からきている

つまり、宇宙のココは秩序だっているけれど、アソコは無秩序になっていて、秩序と無秩序がランダムにばらまかれている、というのが仮説１の考えである。

> この理論によると、不可逆性は時の流れの中の一つの偶然にすぎないことになる。
>
> （2巻　21–5　294ページ）

偶然、いいかえると確率がすべてだと考えるのであれば、今ココでは、たまたま「秩序から無秩序へ」という「時間の矢」があるようにみえ、確率的に逆は起こりにくいから「不可逆」ということになる。

ファインマン先生は、この考えはとらない。なぜなら、天文学者がココの星を見ても、アソコの星を見ても、どこでも秩序が観察されるからである。これは、宇宙全体が高度に秩序だった状態から始まったため、いまだにその名残(なごり)

がある、という考えである。もちろん、秩序と無秩序は、確率の問題だが、大河の流れのように宇宙全体が「秩序から無秩序へ」向かっているというのだ。

宇宙の始まりが高度に秩序だっていたために、それ以後、宇宙は全体として無秩序へ向かうしかない。

はたして覆水が偶然に盆に返ることがあるのか、それとも、宇宙は秩序ある初期条件から始まって、大きな時の流れとして無秩序になりつづけてゆくのか。

それは、ファインマン先生のいうとおり、宇宙論がさらに発展して、宇宙の始まりが極度にエントロピーの低い状態であることが証明されるまで、決着のつかない論争なのかもしれない。

column

ワイル曲率仮説

数理物理学者のロジャー・ペンローズが面白い仮説を提唱している。

「宇宙が始まったとき、ワイル曲率は小さかった。宇宙が終わりに近づくと、ワイル曲率は大きくなる。それが宇宙の時間の矢の方向を決める」

この仮説は、もちろん、ファインマン先生の考えとよく似ている。

アインシュタインの重力理論では、物質（＝精確にはエネルギーと運動量）があると時空は曲がる。「どれくらい曲がっているか」をあらわす物理量を「曲率」と呼ぶ。まさに時空が物質の重みによって「たわむ」

イメージだ。

ただ、曲率には、もう 1 種類ある。それは、物質がなくても時空が曲がる場合である。そのような時空固有の曲がり具合は「ワイル曲率」という量であらわされる。

なんだか、難しいようだが、ペンローズの仮説は、ようするに、
「宇宙が始まったとき、時空は赤ちゃんの肌のように滑らかだった。宇宙が終わりに近づくと、時空はおじいさん・おばあさんの肌みたいに皺々（しわしわ）になってしまう」
ということを述べているにすぎない。

いいかえると、宇宙の始まりは秩序だっており、宇宙の終わりは無秩序だというのである。

実は、宇宙の始まりが、完全にツルツルだと、銀河の「種」がないので、銀河も星も人類も生まれない。だから、宇宙の始まりにおいて、時空には、ちょっとだけ皺が寄っている必要がある。

第3章

ファインマンの知恵袋
——ミセレーニア

READING
"THE FEYNMAN LECTURES
ON PHYSICS"

The Feynman

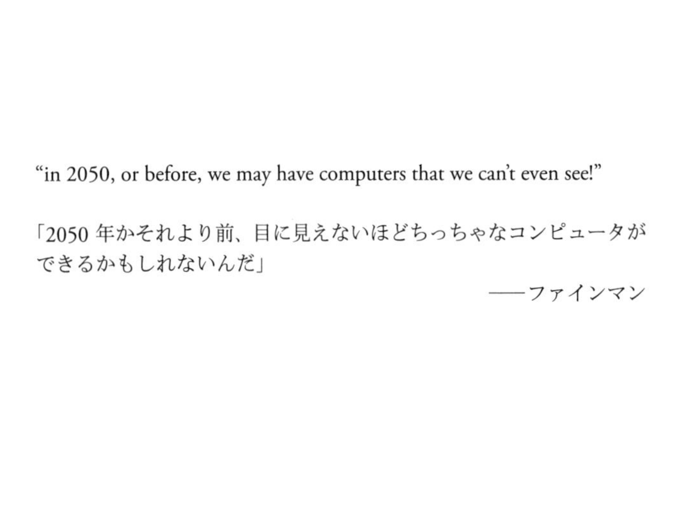

“in 2050, or before, we may have computers that we can’t even see!”

「2050 年かそれより前、目に見えないほどちっちゃなコンピュータができるかもしれないんだ」

——ファインマン

英語の辞書で「miscellanea」を引くと「雑録」とある。他に分類ができないものを一緒くたにしたときに使う表現である。本書の第３章は、まさにミセレーニアにあたる。これまでの解説で抜けてしまったものや、どうしても読者に伝えておきたいファインマン先生の科学思想の側面を拾って集めてきた。当然のことながら「雑多」な雰囲気になるが、あしからず。

◆磁性

電磁気学全般については『「ファインマン物理学」を読む』の「電磁気学を中心として」で扱ったが、磁性については述べなかった。それには実は理由がある。どんな本でも教科書でも最初から最後までが100点満点ということはありえない。それはピカ一の教科書である『ファインマン物理学』にしても同じだ。ファインマン先生が、乗りに乗っている部分とそうでない部分がある。

全巻を通じて私なりの「ファインマン先生ノリノリ度」をつけてみると、

ノリノリ度80点～100点

1巻15章　「特殊相対性理論」
1巻16章　「相対論的エネルギーと運動量」
1巻17章　「時空の世界」

4巻4章　「電磁気学の相対論的記述」
4巻5章　「場のローレンツ変換」
4巻6章　「場のエネルギーと運動量」

3巻全体
5巻全体

ノリノリ度50点以下

4巻13章　「物質の磁性」
4巻14章　「常磁性と磁気共鳴」
4巻15章　「強磁性」

こんな感じになる。

もちろん、私の個人的な印象にすぎないが、朝日カルチャーセンターで長い時間をかけて生徒さんと一緒に『ファインマン物理学』を読破してみた後の正直な感想なのである。

ファインマン先生の講義は、相対論と量子論と電磁気学については「秀逸」という言葉しかみつからないが、電磁気でも磁性だけは別で、ファインマン先生が困っている様子がありありと伝わってくる。

なぜだろう？

ファインマン先生は、次ページの図のような電磁石のS極に引きつけられる常磁性と反発される反磁性のしくみから語り始める。

■常磁性体と反磁性体
（図のS極は先端部分の磁場が特に強い）

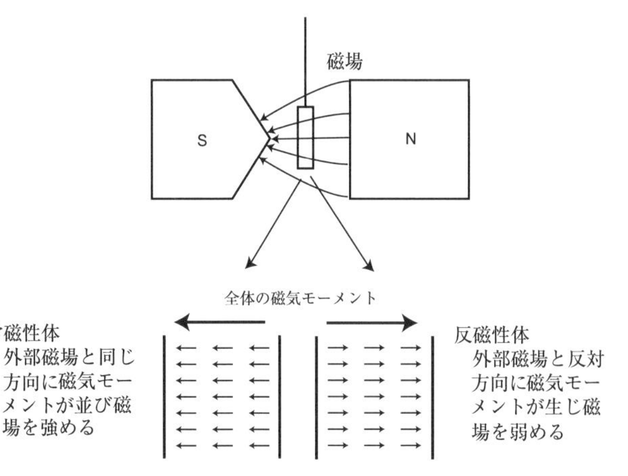

まず、多くの物質では原子は永久磁気モーメントを持ってはいない。いいかえれば、各原子の中のすべての磁石は打ち消し合って**全体としてのモーメント**はゼロになっている。（中略）このような場合には、磁場をかけると誘導によって原子の中に少しばかりの別の電流が生じる。レンツの法則によれば、これらの電流は磁場の増加を妨げるような方向に流れる。したがって原子に誘起された磁気モーメントは磁場と**反対**の方向を向いている。これが反磁性のしくみである。

ところで、原子が固有の磁気モーメントを持っているような物質もあるのである。（中略）この場合には（中略）モーメントは磁場と**同じ方向**に向いて並ぼうとし、そのために誘起された磁気は磁場を強める方向に働く。

これが常磁性体である。

(4巻 13–1 199ページ)

なるほど、そうなのか、物質によってもともと磁気モーメントをもっているかどうかで、反磁性になるか、常磁性になるか、運命が分かれるのか。わかりやすい説明だ。

だが、この説明の直後に、ファインマン先生は、苦しい胸の内を打ち明ける。

ようするに古典電磁気学で磁性を説明することはできず、どうしても量子力学が必要になる、というのである。誤解のないように強調しておくが、もちろん、古典電磁気学で電磁現象の多くは理解することができる。だが、物質がからんでくると話は別で、現在では「物性物理学」という大きな分野があって、そこでは磁性だけでなく、物質の性質全般を量子力学をつかって計算・予測・実験するようになってきているのである。物質の磁性は物性の最たるもので、古典的な電磁気学だけでは絶対に理解できないのである。

さて、ともかく反磁性と常磁性の定性的な説明を諸君にしようと試みたのではあるが、このへんで、古典的な物理学という観点からではどうやってもまともに物質の磁気的な効果を理解することは**できない**というように訂正しておかなければならない。このような磁気的な効果は**全く量子力学的現象**なのである。しかしながら、少々インチキな古典的な理論をでっちあげて、要するにどういうことになっているのかということの感じを摑むことはできる。

（4 巻　13-1　200 ページ）

インチキと言われると困ってしまうが、それが現実なのであり、ファインマン先生は正直に学生に「これから教えることはインチキだ」と宣言しているのである。

この部分は、カルチャーセンターの授業でも非常に苦しい箇所で、実際、私は磁性について１時間ほど話したあと、ついに、

「もうダメです。ここにきて、ファインマン先生の調子が落ちてきて、授業に活気が感じられないのがおわかりでしょう。13 章の「物質の磁性」から 16 章の「磁性体」まで、かなり読み込んで準備をしてきたのですが、予定を変更して、別の話をやります」

と匙（さじ）を投げたのであった。

というわけで、大変申し訳ないが、磁性について勉強したい読者は、できれば巻末の文献案内をごらんいただきたい。現代風の磁性の教科書をあげておきますので。

だが、ここには、ファインマン先生の物理学に対する顕著な態度がでている。それは、一言でいうならば、

「量子的世界の優越性」

である。『ファインマン物理学』の随所に、数学の補遺と並んで、量子力学の補遺がはさまれているのは、決して偶然ではない。本来ならば、古典力学は古典力学、古典電磁気学は古典電磁気学、という具合にハッキリ区分けして、量子論など知らない振りをして、授業をやり通すのである。

だが、それは斯瞞(ぎまん)なのである。そして、ファインマン先生の物理学に対する真摯な態度は、どうやら、そういったごまかしを許せないらしい。だから、古典力学を教えていても、ついつい、
「これは内緒なんだが、本当は、この結果は正しくない。正しくは量子論を用いて……」
というように、気がつくと量子論の話になっているわけなのだ。
ファインマン先生の講義は、何度も何度も量子論へと立ち返る。

◆未来からくる波?

次に、ちょっとSF的な話題をとりあげてみたい。
電磁気学における「先進波(前進波)」と「後進波(遅延波)」の理論である。
これは、高度であり、理解するのが難しいが、『ファインマン物理学』第4巻には、かなり詳細な解説がみられる。まず、問題の根っこは「輻射抵抗」(放射抵抗)といわれるものだ。

電荷を加速すると、それは電磁波を輻射し、そのためにエネルギーを失う。したがって、電荷を加速するときは、同じ質量の中性の物体を加速するときよりも、大きな力が必要である。

(4巻 7–5 102ページ)

これは、量子論の考えで説明すると、次のようになる。

電子の周囲には泡のように生成したり消滅したりしている仮想的な光子があって、電子を加速すると、そのまとわりついている光子が「吹き飛ばされて」しまう。これが電磁放射である。そして、その吹き飛ばされた分を「補給」してやらないといけないので、電子を加速するときには、（電荷をもたない粒子と比べて）余分な力が必要になるのだ。

もっとイメージ的な説明をするならば、電子の周囲にベタベタと仮想的な光子がまとわりついているので、電子を「押す」のに余計な力がいる、という感じだろう。

ところで、この力は、マクスウェルの理論を使って計算することが可能だ。その結果は、

$$F = (a\,\text{に反比例する項}) + (a\,\text{に依存しない項}) + (a\,\text{に比例する項}) + \cdots\cdots$$

というふうに電子の「大きさ」a を用いて書くことができる。ここで輻射抵抗は、2 項目の（a に依存しない項）にあたる。

電子に大きさがないと仮定すると、$a = 0$ とおいて、

$$F = \text{無限大の項} + \text{輻射抵抗} + 0$$

になる。この最初の項が頭の痛い無限大の困難を引き起こす。2 番目の輻射抵抗の項は、実験的に確認されているので、残さないといけない。なんらかの方法によって、第 1 項だけを亡き者にして、第 2 項と高次の項だけを残すことができれば、無限大の困難は（とりあえず）回避されることになる。

そんな都合のいいことが可能だろうか？

面白いことに、マクスウェルの電磁波の解は、時間 t を逆さの $(-t)$ にしても成り立つ。いいかえると、映画のフィルムを逆回りにしたような物理現象も（理論的には）可能なのだ。だが、力の相互作用が未来から過去へ影響をおよぼすというのは、常識では理解しがたいので、そういう解は棄てるのである（これは、たとえば、2 次方程式でマイナスの解を意味がないとして棄てるのと似ている）。

過去が未来に影響を及ぼす解を（影響が遅れて出る、という意味で）「遅延波」、逆に未来が過去に影響を及ぼす解を「先進波」と呼ぶ（『ファインマン物理学』では先発波と訳されている）。

上に書いた電子が感じる力 F は、実は、遅延波（過去）だけを考慮したものだったのだ。ところが、先進波（未来）だけを考慮すると、

$$F = (a\text{ に反比例する項}) - (a\text{ に依存しない項}) + (a\text{ に比例する項}) + \cdots\cdots$$

という恰好になるのである。遅延解と先進解とで、どこがちがうかといえば、2 項目の輻射抵抗の符号が逆さになるのである。そこで、遅延と先進という添え字をつけることにすれば、

$$(F_{\text{遅延}} - F_{\text{先進}})/2 = (a\text{ に依存しない項}) = \text{輻射抵抗}$$

となって、無限大になる第 1 項を消去して、実験的に必要とされる輻射抵抗の項だけを残すことができるわけなのだ。

このアイディアは、もともと、ディラックが提唱した。

ファインマン先生とウィーラー大先生は、このディラックの考えをさらに推し進めて、電磁気学そのものを遅延波と先進波で書き換えたのである。

> 電子が時刻 t において加速されると、それは**後の**時刻 $t' = t + r/c$（r は他の電荷までの距離）において、**遅延**波によって世界中の電荷をゆるがす。しかし同時に、これらの電荷は**先発**波によって元の電子に作用を及ぼし、これは t' から r/c を**引いた**時刻 t''、すなわち、ちょうど時刻 t に元の電子に達する。（中略）先発波と遅延波とが結合された効果として、加速されている瞬間の振動電荷は、輻射波を吸収“しようとしている”すべての電荷からの力を感じることになる。
>
> （4巻　7–5　104ページ）

うーむ、なんとも非常識であるが、計算が実験と一致する以上、この理論を認めないわけにはいかないであろう。天才たちの考えることといったら……凡人は溜め息をつくしかないようである。

◆レイノルズ数は特撮の原理なり

この話はトピックスとして気楽に読んでいただきたい。

特撮といえば日本のお家芸。ゴジラにモスラに仮面ライダーにウルトラマンに西部警察……いや、冗談です……とにかく、特撮は「本物らしく見えてナンボ」の世界だろう。

で、ゴジラが東京湾を歩いている情況を思い浮かべていただきたい。特撮監督は、いったいどのようなことに注意すればいいのだろう？

これに関連した問題だが、以前、テレビでサントリーホールの音響効果の実験をやっていた。建設前にミニチュアのコンサートホールをつくって、座席に洋服を着た人形を座らせて、音響効果のシミュレーションをやるのである。

そんなことコンピュータで計算してみればいい、と思われるかもしれないが、そうは問屋が卸さない。

空気にしろ水にしろ、他の物質にしろ、流体のふるまいはおそろしく複雑で、これだけ物理学が進んでも、いまだに完全に解明されてはいないのである。だから、もちろん、コンピュータでもシミュレーションはやるのだろうが、最後は、ミニチュア模型で実験するしかない。

だって、人形たちが着ている洋服や、客の入りによっても、音響効果はまったくちがってくるはずだが、そこまで計算できないでしょう。

で、ゴジラが起こす波にしろ、コンサートホールの音の波にしろ、それがシミュレーションとして実物大になったときと「同じ」に見える（聞こえる）ためには、いったい、どうしたらいいだろう？

その答えが「レイノルズ数」と呼ばれるものなのだ。

レイノルズ数が等しいような二つの流れは、適当な尺度 x'、y'、z'、t' で表わすとき、同じに“みえる”。飛行機を作って実験しなくても、飛行機の翼を過ぎる空気の流れを知ることができるのであるから、このことは重要な意味を持つ。飛行機を作るかわりに、その模型を作って、レイノルズ数が同じになるような速度で実験すればよい。これは、縮尺した飛行機に対する“風洞”実験の結果や、縮尺した模型の船に対する“模型水槽”の結果を実際の大きさの物体に適用することを可能にする原理である。

（4巻　20–3　323ページ）

つまり、特撮の際にもコンサートホールのミニチュアでも、レイノルズ数と呼ばれるものを同じにしておけばシミュレーションはうまくいくというのである。レイノルズ数が等しければ、ゴジラは本物に見えるし、コンサート会場の披露目公演で音響に文句を垂れる客もでてこない。

で、レイノルズ数って、いったいなんだろう？

実はこのような式の形をしている。

$$R = \frac{\rho}{\eta} V D$$

V は流速で D は物体の大きさで ρ（ロー）は流体の密度で η（エータ）は流体の粘性だ。

流体の方程式で全体のスケール (x, y, z, t) を小さくしたり大きくしたりしても、レイノルズ数を調整して合わせれば、方程式の恰好が同じになるのだ。

たしかに、ゴジラが人間みたいな身振りで速く動いていたら、巨大怪獣よりも着ぐるみに見えてしまうにちがいない。スケールが大きくなったら、それに合わせて、ゆっくり動く必要がある。また、東京湾の波も、ふつうの水を使っていたのではダメで、レイノルズ数が同じになるような別の液体を使わないと本物らしく見えない。

特撮とレイノルズ数の問題は、耳学問として覚えておいて損はない！

◆波とピアノとフーリエ級数

ファインマン流の波動の解説は実に読みごたえがある。
一言でいえば「学際的」なのである。
『ファインマン物理学』の序文にはファインマン先生がボンゴを叩いている写真が載っている。アインシュタインのヴァイオリンの腕前と同じく、ファインマン先生のボンゴの腕前についても、さまざまな評価が残っているので、あえて、音楽的な評価には踏み込まないが、とにかく、ファインマンという天才の興味の範囲が驚くほど広かったことだけはたしかだ。
ちなみに、『ファインマン物理学』には、音楽にかぎらず、とてもじゃないがフツーの物理学の教科書ではお目にかかれないような「脱線」講義がたくさん入っている。
たとえば、第2巻、第10章「色覚」と第11章「見ることの機構」は、「色」というのが電磁波の波長という概念だけではとらえることができず、人間の目と脳の生理学的なメカニズムと深く関連していることを詳しく説明している。
あるいは、第3巻、第9章「空中電気」では、電磁気の講義から脱線して雷と稲妻の話が述べられている。
その他にも天才の学際性が随所にみられるが、波動と音楽の話は、ファインマン先生のアタマの中を覗く恰好の話題だといえる。

二つの同じような弦で、張力が同じでただ長さだけが違うものが一緒に音をだしたとする。この場合、２本の弦の長さの比が小さな整数比になっているとすると、耳に快い感じを与えるという事実を、ピタゴラスが発見したといわれている。長さの比が１対２になっているとすると、音楽でいうオクターブに相当する。もしこの比が２対３なら、これはＣ（ド）とＧ（ソ）の間隔に対応していて、５度とよばれている。このような間隔は一般に“快く”聞える和音としてうけとられている。

(2 巻　25–1　330 ページ)

まるで楽典の一ページを読んでいるかのような錯覚に陥るが、ファインマン先生の講義のほうが、ヘタな楽典よりもためになる。実際、私は、いろいろなところで物理的に正しいとは言い難い「音の科学」に関する文章に出会ったことがある。いたしかたないことであるが、音楽の専門家が「音の波と楽器や声」の関係に言及し始めると、とたんに表現があいまいになり内容も不精確になってくる。おそらく書いている本人も物理学の精確な知識がなくて、本当のところはわかっていないらしく、それを読まされているこちらは、もうチンプンカンプンということになる。

そんな経験をお持ちの読者は、是非、『ファインマン物理学』第 2 巻、第 25 章「ハーモニクス」を通読されることをおすすめする。

> 音楽家は通常楽音を三つの特性で表わすことにしている。それは大きさ、高さと“音質”である。この中の“大きさ”というのは基本的な圧力関数で繰返しの時間に対応している。(“低い”音は“高い”音より長い周期をもっている。) 音質というのは大きさや高さがそれぞれ等しい二つの音でも、それが聞き分けられるそのちがいに関係があるはずだ。オーボエ、ヴァイオリン、ソプラノは同じ高さの音を出しているときでも区別はつく。音質は繰返される図形の構造に関係している。
>
> (2巻　25-1　331ページ)

「音質」というのは「音色（ねいろ）」ともいう。オーボエとヴァイオリンとソプラノというのは表現としておかしい気がするが、最後のソプラノは人間の声のソプラノのことかもしれない（原文でも「ソプラノ」になっていた）。

こうやって楽典そのものとでもいうべき話をした後、ファインマン先生は、いきなり物理学へと話を転ずる。

実は、この切り替えの手法も『ファインマン物理学』の大きな特徴になっている。

column

物理と脱線と数学のサンドウィッチ手法

『ファインマン物理学』を読み進めていると、すぐに面白い傾向があることに気づく。それは、物理学と脱線トピックスと数学の解説が「交互」にあらわれる点だ。

これは、物理学の講義をした経験のある人なら誰でも苦しむところだが、学生や生徒さんは、必ずしも数学的なバックグラウンドが同じではない。中には数学が得意中の得意の人もいれば、逆に物理学的な「意味」を数式を用いないで理解したい、という人もいる。そこで、物理の説明をしながら適宜数学を説明すべきか、それとも、最初にまとめて数学を復習すべきか、あるいは、どこかでまとめてやるべきなのか、判断に迷うのである。

また、聞き手の集中力にも差があるのが普通だ。2時間ぶっ続けで本題に耳を傾けていられる人もいれば、1時間で集中力が切れる人もいる（私の場合、1時間が限界である。それ以上、同じ話題が続くと、ほぼ確実に寝てしまう！）。

ファインマン先生の講義は、物理学の意味と息抜きに近い脱線トピックスと数学の配置が実に巧妙にできている。

この絶妙なバランスも『ファインマン物理学』を名著たらしめている大きな要因の一つであろう。

楽音に対し、空気の圧力を時間 t の関数として $f(t)$ で表わすことにしよう（中略）周期 T の**任意**の周期関数 $f(t)$ は数学的につぎのように書き表わされる：

$$
\begin{aligned}
f(t) = & a_0 \\
& + a_1 \cos \omega t + b_1 \sin \omega t \\
& + a_2 \cos 2\omega t + b_2 \sin 2\omega t
\end{aligned}
$$

$$+ a_3 \cos 3\omega t + b_3 \sin 3\omega t$$

$$+ \quad \cdots \quad + \quad \cdots \qquad (25.2)$$

ここで $\omega = 2\pi/T$ であり、a、…、b、…は $f(t)$ の振動の中に各成分の振動がどれほど多く含まれているかを示す定数である。

（2巻　25–2　332ページ）

■フーリエ級数の原理
任意の周期関数を三角関数のミックス（和）で表わす

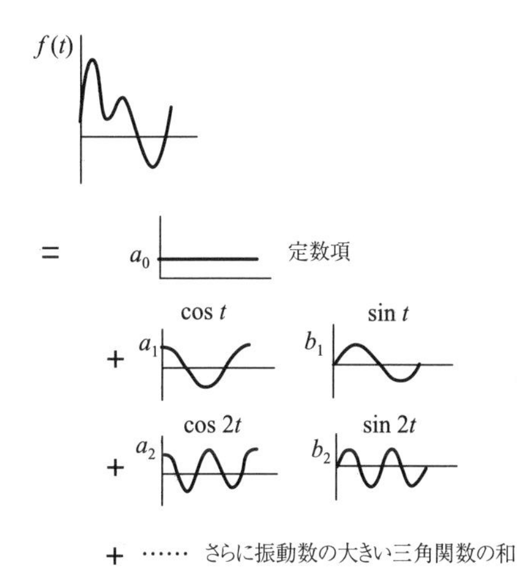

と、音に関連して次にフーリエ級数の話が出てくる。ここで「任意の周期関数」という部分は注意が必要だ。周期関数を他の周期関数の和であらわすだけでは、あまり実用的ではないような気がするからだ。だが、実際には、関数

のある範囲だけを切り取ってきて、その区間での「近似」ができれば充分なので、フーリエ級数の方法はとても便利なのだ。

フーリエ級数というのは、ようするに「関数 $f(t)$ を三角関数のミックスで表わす」ということだ。だから、$f(t) = t$ とか $f(t) = 3t^2 + 2t + 1$ というような関数をたくさんの三角関数に置き換えることができる。

原理的には無数の三角関数が必要になるわけだが、たいていの場合、数個の三角関数を用いれば、元の関数 $f(t)$ は充分に復元できる。

科学書を読んでいると、よく「スペクトル分析」という言葉に遭遇する。ある現象を周波数成分に分ける手法のことである。フーリエ級数は、まさにスペクトル分析の典型だといえる。

column

フーリエ級数の実例

マセマティカという数式プログラムをつかって実例を見てみることにしよう。

$y = x$ という、一見、三角関数や波とはまったく関係のなさそうな直線を周波数成分に分解してみよう。ただし、$y = x$ には周期がないのに対して、分解する先の三角関数は周期関数なのだから、人工的に「周期」を課してやらなければならない。いいかえると、このスペクトルへの分解は、特定の変数域だけでなりたつのである。

問題　$y = x\ (0 < x < 3)$ を $\sin x$、$\sin 2x$、$\sin 3x$、$\cos x$、$\cos 2x$、$\cos 3x$ に分解せよ

結果は数式では、

$$y = -1.459\cos[x] + 1.426\cos[2x] - 0.011\cos[3x] + 2.605\sin[x] + 0.233\sin[2x] - 0.423\sin[3x]$$

と書くことができる。これが $y = x$ の近似式というわけだ。いいかえると、「x は $\sin x$ が 2.605、$\sin 2x$ が 0.233、$\sin 3x$ が -0.423、$\cos x$ が -1.459、$\cos 2x$ が 1.426、$\cos 3x$ が -0.011 の割合で混ざったもの」と考えられる。波長のちがう３つのサインと３つのコサイン、計６つの波を重ね合わせると直線に近くなるのである。

グラフで確認してみよう。

①$y = -1.459\cos[x]$

②$y = -1.459\cos[x] + 1.426\cos[2x] - 0.011\cos[3x]$

③$y = -1.459\cos[x] + 1.426\cos[2x] - 0.011\cos[3x] + 2.605\sin[x]$

④$y = -1.459\cos[x] + 1.426\cos[2x] - 0.011\cos[3x] + 2.605\sin[x] + 0.233\sin[2x] - 0.423\sin[3x]$

三角関数一つでは近似は悪いが、次々とちがう波長の波を重ね合わせてゆくにしたがって、$y = x$ が再現されてゆく様子がおわかりだろう。

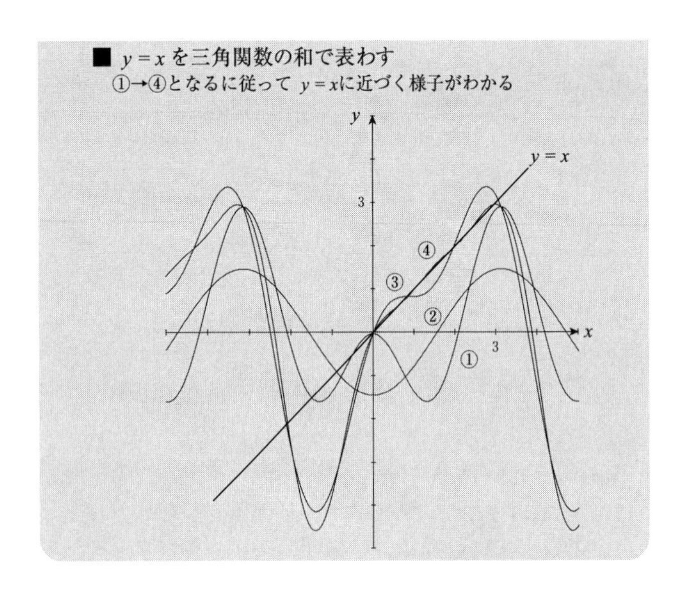

ここまでくれば、楽音の“音質”を決定するものがなにかを述べることができる。それは各ハーモニクスの相対的な量、すなわち a_n、b_n の値である。最初のハーモニクスだけの音は“純”音である。強いハーモニクスがたくさんある音は“豊かな”音である。ヴァイオリンのだす音のハーモニクスの割合は、オーボエの音のそれとはちがっている。

(2巻 25–3 333ページ)

つまり「ハーモニー」というのはフーリエ級数の各項の係数の大小で決まるわけなのだ。

昔の電子ピアノの音は「薄っぺら」だった。なぜかといえば、たとえば鍵盤の真ん中の「ラ」の音は、440ヘルツという一つの振動数だけだったからだ。これは、上に出てきたフーリエ級数のうち、a_1 以外の項が全てゼロである情況にあたる。音に深みがないのである。

最近の電子ピアノは、本物のアコースティック・ピアノの音色ととても似た音を奏でる。なぜかといえば、（簡略された説明になるが）a_1 のほかに a_2、a_3 といった倍音や三倍音も含まれているからだ。

ピアノの鍵盤でCを叩くと、Cそのものだけではなく、その整数倍の振動数がたくさん含まれているのである。もちろん、基本となるCの振動数がいちばん大きいので、全体としてはCに聞こえるが、それより1オクターブ高い2倍の振動数の C′ や2オクターブ高い3倍の振動数の C″ も小さく聞こえるわけだ。

基本音の振動数の比はつぎの通りである：

C – 2　G – 3
C′ – 4　G′ – 6
C″ – 8　G″ – 12

これらの調和関係は、つぎのようにして証明することができる：まず C′ をそっと押すとしよう。そうすると音はしないが、ダンパーは上るようになっている。それからCを鳴らすと、それで基本音と二番目のハーモニクスをだす。この二番目のハーモニクスは C′ の弦を振動させる。（中略）同じようなやり方で、Cの第三のハーモニクスは G′ の振動を起こさせる。またCの六番目のハーモニクスは（ずっと弱くなっているが）G″ の基本振動を起こさせることができる。

（2巻　25–3　335ページ）

さて、以上のごとく、音楽好きのファインマン先生はピアノを用いた簡単な実験によって、楽典とフーリエ級数の深い関係を解き明かしてくれる。こうなると、ピタゴラス学派の神秘主義も白日の下に曝(さら)されてしまい、たまったものじゃないが、この後、さらにダメ押しとして西洋音階の要である「純正調」と「平均律」の関係までも説明してくれている。

繰り返しになるが、この第2巻の第25章は、ファインマン先生の「幅の広さ」と個性の強さが際立っており、音楽ファンならずとも、一読をオススメする。

もっとも、ファインマン先生が叩いていたボンゴには、音階は存在しないのであるが――。

◆ナノテクノロジー名講演

ナノテクの時代である。

かくいう私も「日経ナノテクノロジー」というWeb雑誌で科学ニュースの連載をやっていたりする。

テレビを見ていても化粧品から食品まで「ナノ」という言葉を聞かない日はないほどだ。

ナノテクというのは、もちろん、ナノメートル程度の世界の技術の総称である。「ナノ」は10のマイナス9乗だから、とても小さなイメージがあるが、もちろん、10ナノでも 100 ナノでもナノテクに入る。この領域は、実は、ミクロの量子力学の世界とマクロの古典力学（や電磁気学）の中間にある。だから、研究者たちは、常に予期せぬ現象の発見に遭遇して驚くことになる。

この話は、実は、もう少し後でご紹介するファインマン先生の量子コンピュータの部分とも関連が深いのだが、物体をどんどん小さくしていったらどうなるか、という点をファインマン先生はかなり真剣に考えていたらしい。量子コンピュータの場合も、ファインマン先生は、マシンをどんどん小さくしていったら、しまいには量子力学の不確定性原理が効いてきて、計算などできなくなってしまうのではないか、といったような疑問から出発して、「そんなことはない」という結論に達している（ある意味、量子力学そのものが「計算」なのだ！）。

ファインマン先生の講演は録音されたり出版されたりしているものが多いのだが、ナノテクに関しては、「底のほうにはまだまだやることがいくらでもあるさ」（There's Plenty of Room at the Bottom）という 1959 年 12 月におこなわれた名講演が残っている。全米物理学会の会合がカリフォルニア工科大学で開かれた際の講演である。ファインマン先生は、

> これからお話ししたいのは、小さなスケールで物をいじったりコントロールしたりする問題についてです。
>
> （「底のほうにはまだまだやることがいくらでもあるさ」竹内訳）

と講演の中身について述べた後、すぐさま、誰にでもイメージしやすいように具体例から入る。

> ブリタニカ大百科の24巻すべてをピンの頭に書き込むにはどうしたらいいだろう？ 何が必要になるか考えてみよう。ピンの頭は直径が16分の1インチくらいだ。その直径を2万5千倍に拡大してやれば、ブリタニカ大百科の全ページの面積に等しくなる。だから、大百科の文字を2万5千分の1に縮小してやればいいだけの話だ。
>
> （「底のほうにはまだまだやることがいくらでもあるさ」竹内訳）

ファインマン先生は、1959年当時の技術水準だと、少なくともブリタニカ大百科がピンの頭に書かれていた場合、それを読んだり複写したりすることは可能であることを指摘し、書き込みの問題について思いを巡らせる。その後、文字を符号化してピンの頭の表面だけでなく内部にも3次元的に情報を貯蔵するアイディアについて述べる。それから電子顕微鏡や小さな生命系（たとえば細胞！）の話を経て、話題はコンピュータを小さくすることへと移る。

> 私がアンタの顔を見れば、前に見覚えがあることがすぐにわかる。（中略）さて、私の頭蓋骨の中にある小さなコンピュータにはそれができる。われわれが組み立てるコンピュータにはそれができない。私の骨製の箱に詰まっている部品の数はわれわれがつくる「驚異」のコンピュータよりはるかに厖大なのだ。だが、それはわれわれの機械式のコンピュータが大きすぎるからだ。この頭

の中に入っている部品はミクロの大きさなんだから。

（「底のほうにはまだまだやることがいくらでもあるさ」竹内訳）

ここでファインマン先生が問題にしているのは、今でいうところのパターン認識とか画像認識、つまり人工知能のことだろう。当時の馬鹿でかいコンピュータは、計算速度が遅すぎて人の顔の認識の計算もろくすっぽできなかったわけである（もちろん、他にも人工知能のプログラムの問題もあったわけだが！）。ファインマン先生は、この文章の後、アインシュタインの相対性理論によって情報が光速を超えては伝わらないこと、ゆえに、計算を速くするにはコンピュータの大きさそのものを小さくする必要があることを強調する。

そして、やがて、話は原子そのものを一個ずつ「いじくる」ことへと及ぶのである。

原子レベルでは新しい種類の力があり新しい種類の可能性があって新しい効果がみられる。材料の製造と生産の問題はまったく異なるものになるだろう。（中略）私が知るかぎり、物理学の原理は、原子を一個ずついじくることが無理だとは言っていない。それは、原理的には、なしとげられるものなのだ。われわれの身体が大きいために、これまで誰もやらなかっただけなのだ。

（「底のほうにはまだまだやることがいくらでもあるさ」竹内訳）

これは、まさにナノテクの概念そのものである。実際、このファインマン先生の半世紀ほど前の講演は、ナノテク業界ではそれなりに有名なようである。まだノーベル賞を受賞する前の講演だが、書いてあることが、いちいち実現しているのをみると、やはり天才には未来を予見する智慧がそなわっているのだということを実感させられる。下手な未来学者よりも物理学の天才のほうが未来がどうなるか、わかっている、ということなのだろう。

教育にも情熱を燃やしていたファインマン先生らしく、このナノテク講演の締めくくりは、高校生によるコンペの提案になっている。

> 高校でコンペをやればいいんだ。ロサンジェルスの高校からベニスの高校にピンを送る。その頭には「どんなもんだい?」と書いてある。ベニスからピンが送り返されてくる。すると、「ど」の点の所に「まだまだ」と書いてある、という具合にね。

(「底のほうにはまだまだやることがいくらでもあるさ」竹内訳)

column

原子文字からナノテク機械へ

ファインマン先生の予言どおり、最近では、原子1個というレベルでの操作が可能になりつつある。

1990年にIBMのアルマデン研究所が、金属の上に原子を並べて「原子文字」を書いて、世間をアッといわせた。翌91年には日立の中央研究所で、金属の表面から原子を「引っこ抜いて」文字が書かれ、これまた驚かされた。

　2005年になり、今度は、阪大フロンティア機構の森田教授のグループが、原子間力顕微鏡なるものを使って、物質の表面の上に並べるのでもなく、原子を引っこ抜くのでもなく、「入れ替える」ことによって文字を書くことに成功した。しかも、金属である必要はなく、異種の原子どうしを入れ替えられるというのである。

　これは、つまり、人類が「原子を一個一個、自由に操作できる」ようになりつつある、ということだ。

　今のところ2次元的な操作しかできないようだが、次には、ほぼ確実に3次元的な操作が開発されるだろう。そうなれば、原子一個一個を「部品」として、ナノテク機械を自由に組み立てられるようになるのだろう。

　ナノテクノロジーの今後の動向に注目したい。

◆脅威の計算力

　ファインマン先生の「科学思想」という観点から忘れてはならないのは、その卓越した計算能力だろう。計算が科学思想とどう関係するのかと問われれば、それは、言葉遣いや語彙の豊富さが作家の想像力や創造力と関係するのと同じだ、と答えたい。

　よく、計算ができてもたいしたことはなくて、大事なのはアイディアだ、というような発言を耳にするが、私は、むしろ逆だと思う。物理学の最前線で知の領域を推し進めるためには、なんでも計算できることが必要不可欠だと思うのだ。

現代では、もちろん、コンピュータを用いた計算が主流になってきている。発表される論文の多くも、数値計算にとどまらず、数式を用いた計算にいたるまで、コンピュータなしでは話がすまなくなりつつある。

たとえばマセマティカのような数式・数値計算プログラムは、物理学や工学をやる者にとって不可欠の「思考道具」となってきている。それは、作家の多くが原稿用紙とペンではなく、パソコンのワープロを使って文章を紡ぎ出すようになったのと似ている。

とはいえ、計算力にせよ文章力にせよ、コンピュータが勝手にやってくれるものではない。

最終的には、人間のもっている「力」がコンピュータによって活かされるのである。

私は、ファインマン先生の計算力を見せつけられるたびに、大数学者のガウスの逸話を思い出す。ガウスが小学生のころ、何かの罰として、1から100までの整数をすべて足すように教師から言われた話である。誰でも聞いたことのある有名な話だと思う。もちろん、ガウスは、持ち前の計算力を発揮して、

$$1 + 2 + 3 + \cdots + 98 + 99 + 100$$

などとはやらずに、

$$1 + 100 = 101$$

$$2 + 99 = 101$$

$\cdots$

$$50 + 51 = 101$$

ゆえに、

$$101 \times 50 = 5050$$

と一瞬にしてやったわけである。

つまり、計算力は、機械的な能力どころか、アイディアと創造性の源なのである。非凡な計算力をもった子供は、長じて天才物理学者や天才数学者になる可能性を秘めている。

さて、ファインマン先生の計算力としては、量子電気力学に登場する「ファインマン積分」と呼ばれるものが有名だ。それは、ファインマン図の方法を用いて複雑な計算をやるときに出てくるのだが、ファインマン先生は、一種奇抜な方法で積分をクリアするのである。

ここでは、もう少し簡単な例をご紹介して、その「感じ」を読者に摑んでもらおう。

なんだろう、コレ。

最初の表は、「10 の累乗根」の計算表である。10 の 1 乗から始めて、その平方根をとると 10 の 1/2 乗になる。その平方根をとると 10 の 1/4 乗になる。以下同様。その具体的な計算法は、こんな具合だ。

平方根を求めるのには、きまった手続きがあるのだが、その中でいちばんやさしいのは次のとおりである。ある数 N の平方根に比較的近い数 a を適当にえらんで、N/a

■10の累乗根の計算

s	10^s	$(10^s-1)/s$	
1	10.00000	9.00	
1/2	3.16228	4.32	
1/4	1.77828	3.113	
1/8	1.33352	2.668	
1/16	1.15478	2.476	
1/32	1.074607	2.3874	
1/64	1.036633	2.3445	
			211
1/128	1.018152	2.3234	
			104
1/256	1.0090350	2.3130	
			53
1/512	1.0045073	2.3077	
			26
1/1024	1.0022511	2.3051	

■ $\log_{10}2$の計算

まず、上の表を用いて2を10の累乗根に分解する。

$2 \div 1.77828 = 1.124682$ → $1.124682 \div 1.074607 = 1.046598\cdots$

を繰り返して

$2 = 1.77828 \times 1.074607 \times 1.036633 \times 1.0090350 \times 1.000571$

を得る。これは

=10の（1/4 + 1/32 + 1/16 + 1/256 + 0.254/1024）乗

↑ この値は表から類推

つまり

$= 10^{0.30103}$

すなわち

$\log_{10}2 = 0.30103$

を求め、a と N/a とを平均して $a' = 1/2[a + (N/a)]$ とし、この平均値 a' を次の段階の a とするのである。収束は非常に速い――有効数字の数は毎回２倍になる。

（1巻　22–4　300ページ脚注）

それで、最初の表には、いくつかの規則性がある。たとえば、10の s 乗の列の下のほうにゆくと、1815、903、450、225という具合に半分半分になっている。あるいは、いちばん右の列も下のほうにゆくと「差」が 211、104、53、26 という具合に、これまた半分ずつになっている。こういった規則性を使って数表の欄を埋めてゆくわけである。

次に二番目の表だが、これは、対数の計算法だ。この例では 2 の常用対数、すなわち

「10 を何乗したら 2 になるか」

を求めている。答えは 10 の 1/4 乗よりも大きくて 1/2 乗よりも小さいことが第一の表から見て取れる。そこで、10 の 1/2 乗から始めて、足りない分を次々と計算してゆくのである。

なんだか原始的だし、時間の無駄のように感ぜられるが――。

> 1620 年に、ハリファックスのブリッグスがはじめて対数を計算したのが、この方法である。彼は“私は 10 からはじめて平方根を 54 回逐次に計算した”といっている。（中略）彼はこのようにして 14 桁の対数表を作ったのであるが、これは全くあきあきするような仕事である。しかしその後 300 年の間に出た対数表は、みなブリッグスの表から値を借りてきて、それを適当な桁に減らして作ったのである。

（1 巻　22–4　302 ページ）

本書の冒頭でファインマン先生がロスアラモス研究所で「計算」のグループ・リーダーをやっていたことに触れたが、そもそも物理学というのは、計算できてナンボの世界である。高尚かつ抽象的な理論も、そこから具体的な理論

計算の結果を引き出して、物理的な実験装置にあらわれる具体的な数値と比べなければ、物理学とはいえない。

最近、超ひも理論に代表される理論物理学の最前線において、高尚な数学の道具ばかりが独り歩きを始めてしまい、大部分の物理学者の間には、そこで何が起きているのか見えてこない、という不満がくすぶっているように感じる。チラホラと理論予測らしきものも出てきているようだが、私などは、つい、「計算と具体性に秀でたファインマン先生が若いときに超ひも理論の研究をしていたら、凄くわかりやすい超ひもの計算方法を編み出してくれたのではあるまいか」などとありえない想像を巡らせてしまうのだ。

◆量子コンピュータ

ナノテクと計算の話がでてきたので、少々難しい内容になるかもしれないが、量子コンピュータの話に移ろう。

現在各国で精力的に開発が進められている次世代コンピュータは、これまでのフォンノイマン型の古典コンピュータとちがって、量子力学そのものを使って計算をおこなう。驚くべきことに、ファインマン先生は、死の数年前に精力的に量子計算の研究をしていた。

ここでは、ファインマン型の量子コンピュータのアイディアを見ていくこととしよう。ファインマン先生は、1982年に「コンピュータで物理学をシミュレートする」(Simulating Physics with Computers) という論文を書いて、この問題を真剣に考え始めた。

今、われわれが日本語で読めるまとまった教科書としては、『ファインマン計算機科学』（A. ヘイ、R. アレン編、原康夫、中山健、松田和典訳、岩波書店）がある。そこでは、編者のトニー・ヘイが序文でファインマン先生の研究態度に直結する話を披露してくれている。

> 彼の学習と発見に対する哲学も、この講義に強く現れている。ファインマンは、「専門家」がどのようにやったのかを知るために本を読む前に自分自身で解決すること、いろいろ試して楽しむことの重要性をたえず強調している。この講義を読めばファインマンの研究方法について、他では得られない洞察が得られる。
>
> （『ファインマン計算機科学』　編者の序　vii ページ）

どうやら、ファインマン先生は、計算機科学の講義をおこなうにあたって、古今東西の専門論文を読み漁（あさ）るようなことはせずに、主要な問題について自分で納得がいくまで考えてみたようだ。

これは、「創造性」の根本に関係する態度だと思う。

ちょっと脱線になるが、ファインマン先生の態度に通ずる話を私は酒の席で編集者から聞いた憶えがある。彼によれば、

「実作者は意外と本を読んでいない」

というのである。実作者というのは、実際に作品を書く人、という意味であり、この場合は小説が話題になっていた。常識からすれば、作家は一般人よりもたくさん本を読んでいると思われる。なにしろ、本が商売なのだから。と

ころが、経験豊富な編集者の話によれば、話は逆だというのである。

なぜか？

理由は簡単で、仕事で小説を書いている人間は、自分で書くのに忙しく、他人の書いたものを読む時間は（あまり）ないからである。もちろん、作家は、本が好きな人が多いので、作家になる前に厖大な書物を頭に入れているにちがいない。また、作家になってからも、それなりに好きな本は読むだろう。だが、その量は、朝夕の通勤時に欠かさず本を読んでいる会社員や、ミステリー好きの主婦にはかなわないし、「本を読んで感想を述べる」ことが職業の批評家にも遠く及ばない。

これは、本を読むスピードと原稿を書く速さを考えてみれば、まあ、納得のいく話ではある。本を書くのには、本を読むのにかかる時間の何十倍も必要だ。だから、作家が一冊の本を書き終えたとき、作家でない読書人は、何十冊もの本を読み終えている勘定になる。

同じような話で、一線の新聞記者は、スクープを追うのに忙しく、まともに新聞を読む時間がないそうである（これも現役の新聞記者から聞いた話である！）。

科学に限らず、どうやら、文化を「創造」する人々は、まず第一に自分で行動するのであり、他の人々が何をやっているかには、案外、無関心のようなのだ。もちろん、完全に無関心では、社会が価値を認めてくれる文化の創造などかなわないから、同僚と話をしたりしながら、それなりに周囲で起きていることを見渡すのだろうが、たとえ他人とかぶっていたとしても、とにかく、まず、自分でやってみる習性をもっているようだ。

これに関連して、私は、文化の「創造」と「盗作」が常に隣り合わせになっているように感じる。よく作家や科学者や芸術家の盗作が問題になるが、創造的な人ほど、（他人がやっていることも含めて）自分でやってみるので、最終的な成果のアウトプットの時点で、社会が認識している「業績」を整理して「ここまでは誰々がやったことですが、私は、それにこれを付け加えて発展させました」と明記しないと大変なことになる。有名な作家や芸術家が盗作騒ぎに巻き込まれる原因は、だから、パクリというような低レベルの話ではなく、創造的な行為の裏に潜む罠（わな）のようなものだと思う。

ファインマンさんの創作態度については、編者のトニー・ヘイが、次のように付け加えている。

> 同僚が彼の関心を引きつけそうなことを話すと、彼は一人になって、その問題を詳細に研究して解決する。このような独力による問題解決の過程で、いくたびかファインマンは課題に新しい光を当てることができた。量子コンピューター（quantum computation）についての彼の分析はまさにその例であるが、この方法の他の研究者に対する欠点の例証でもある。（中略）ベネットは頻繁に引用されているが、ロルフ・ランダウアーやポール・ベニオフのような他の先駆者たちは省略されている。私はファインマンが他人の功績を横取りするつもりがないことを確信しているので、勝手ながらこの歴史的記録文書の何ヶ所かに修正を加え、読者がこの問題のより完全

な歴史を参照できるように脚注を付した。

（『ファインマン計算機科学』 編者の序 viiページ）

関連論文を読み漁ることをせずに、同僚から「問題」をもらったら、それを徹頭徹尾、自分で考え抜くのである。それが偉大な創造につながる。だが、関連論文の読み込みは足りないから、他人の業績の評価にバラつきが出てしまう。ファインマン先生は、可逆コンピュータや計算による熱の発生や量子コンピュータの問題について、チャールズ・ベネットの業績は明記したが、他に重要な貢献をした人々の名前を忘れてしまった（よく認識していなかった）。

創造的な行為が他人の創造的な行為を押しのけたときに、「盗作」という問題が顔を出すのである。

誤解のないように強調しておくと、ファインマン先生の科学的な業績で盗作と思われるものは存在しない。だが、同僚であったマレイ・ゲルマンとの研究の先取権争いなどは、まるで、（微分積分の先取権を争った）ニュートンとライプニッツの競争を彷彿（ほうふつ）とさせる……。

さて、肝心のファインマン型量子コンピュータの内容である。

このような原子を特定の仕方で一列に並べて計算装置を組み立てるというのがアイディアである。入力の２進数は、２つの状態の一方またはもう一方の状態にある原子の列で表されるが、われわれはこのような系の部分または全体から開始する。それから、われわれは系全体を量子論の法則に従ってそれ自身と相互作用させながら、時間発展させる――原子は状態を変え、１と０が動きまわり、ついにある時点でどこかで一群の原子がある状態になり、これが答えを表す。

（『ファインマン計算機科学』 5–6　139 ページ）

ここで「原子」と呼ばれているのは、分子のように複雑なものでもいいし、電子のように簡単なものでもいいそうで、ようするに量子力学的な状態をもっているもので実用的ならばそれでよい（もちろん、技術的には、具体的にどのような「原子」を量子計算に用いるかが最難関だともいえるが！）。

ファインマン先生は、量子計算の原理について探求し、シュレディンガー方程式を用いて計算を行なう具体的なアルゴリズムを発見した。その基本的な流れは以下のとおり（『Explorations in Quantum Computing』 Colin P. Williams and Scott H. Clearwater（Springer）を参考にした）。

1　何を計算したいのかを決める。
2　量子論理ゲートを組み合わせて計算回路を組む。
3　その計算回路を実現するハミルトニアンを計算する。
4　H のユニタリーな時間発展を計算する。
5　メモリーのサイズを決める。
6　メモリーを初期化する。
7　コンピュータをある時間走らせる。
8　カーソルのキュービットを観察して計算が終わったかどうか確かめる。

9　終わっていたら答えのキュービットを読む。終わっていなかったら、射影された状態から、さらに時間発展させる。

うーん、抽象的で何がなにやらさっぱりわからん。

一つずつ解説してゆきましょう。

まず、古典的なコンピュータでは情報の単位として「ビット」という概念をつかう。これは、0か1か、という二者択一のことである。量子コンピュータでは、これが、0と1の「重ね合わせ」という不思議なものになる。量子力学では、物理系の状態は0または1に確定せずに、0と1の中間、すなわち2つの状態が重ね合わさってもかまわないのだ。それを「キュービット」という。

次に、「量子論理ゲート」というのは、一言でいえば、論理計算をするための部品であり、数学的には「行列」であらわすことができる。

通常のコンピュータでは論理の真と偽を1と0であらわす。量子計算では、単なる数字の1と0の代わりに、状態 $|1\rangle$ と $|0\rangle$ を

$$\begin{pmatrix} 1 \\ 0 \end{pmatrix} \quad \text{および} \quad \begin{pmatrix} 0 \\ 1 \end{pmatrix}$$

という2行1列の行列であらわす。すると、たとえば「否定」（NOT）の論理演算は、

$$\begin{pmatrix} 0 & 1 \\ 1 & 0 \end{pmatrix}$$

という2行2列の行列であらわすことができる。なぜ

なら、

$$\begin{pmatrix} 0 & 1 \\ 1 & 0 \end{pmatrix} \begin{pmatrix} 1 \\ 0 \end{pmatrix} = \begin{pmatrix} 0 \\ 1 \end{pmatrix}$$

$$\begin{pmatrix} 0 & 1 \\ 1 & 0 \end{pmatrix} \begin{pmatrix} 0 \\ 1 \end{pmatrix} = \begin{pmatrix} 1 \\ 0 \end{pmatrix}$$

となって、量子的な真は偽に、偽は真に変換されるからである。真偽あるいは $|0\rangle$ と $|1\rangle$ を否定する（＝逆さまにする）演算なのである。これは、

$$NOT\,|1\rangle = |0\rangle$$

$$NOT\,|0\rangle = |1\rangle$$

と書くことができる。

ハミルトニアンとは、量子力学にでてくるエネルギー演算子のことであり、やはり行列であらわすことができる。ハミルトニアンを量子力学的な状態に演算すると、その状態のエネルギーがわかるのである。だから、ハミルトニアンは、古典力学のエネルギーの概念を拡張したものだといえる。

ファインマンさんは量子計算用のハミルトニアンとして、次のような恰好を書き下す。

$$\begin{aligned} H &= \sum_{i=0}^{k-1} q_{i+1}{}^{*} q_i A_{i+1} + \text{複素共役} \\ &= q_1^* q_0 A_1 + q_2^* q_1 A_2 + q_3^* q_2 A_3 + \cdots \\ &\quad + q_0^* q_1 A_1^* + q_1^* q_2 A_2^* + q_2^* q_3 A_3^* + \cdots \end{aligned}$$

ここで A は基本的な量子論理ゲートである。また、q は

「消滅演算子」と呼ばれていて、ある状態を消す役割をもっている。たとえば電子が1個の状態にかけると電子が消滅して電子が0個の状態になる。q^* は「生成演算子」と呼ばれていて、ある状態を生成する。行列であらわすと、

$$\begin{pmatrix} 0 & 1 \\ 0 & 0 \end{pmatrix} \quad \text{および} \quad \begin{pmatrix} 0 & 0 \\ 1 & 0 \end{pmatrix}$$

になる。試しに、q と q^* を状態 $|1\rangle$ および $|0\rangle$ に演算してみれば、たしかに生成・消滅をあらわすことがわかるだろう。

生成・消滅演算子は「昇降演算子」とも呼ばれる。量子がミクロの回転をしていると考えて、それを「スピン」と呼ぶ。スピンはデジタルなので、たとえば電子のスピン状態は（軸が）上向きか下向き、つまり $|1\rangle$ か $|0\rangle$ の2種類しかなく、中間のスピンは存在しない。昇降演算子は、スピンを下から上へ昇らせたり、上から下に降ろしたりするのである。

q も q^* も NOT とはちがう。たとえば、

$$NOT\,|0\rangle = |1\rangle$$

であるが、

$$q\,|0\rangle = |0\rangle$$

である。電子が0個の状態は、それ以上、消滅させることができないからだ。あるいは、スピンが下向きなら、さらにスピンを降ろすことはできない。

ただ、容易にわかるように、

$$NOT = q + q^*$$

と書くことができる。

ちょっと問題を整理しておこう。

量子力学の基本方程式は、シュレディンガー方程式と呼ばれており、こんな恰好をしている。

$$i\hbar\frac{d\psi(t)}{dt} = H\psi(t)$$

$\psi(t)$ は量子力学の状態をあらわし、それは時間によって変化する。時間ゼロのときの $\psi(0)$ は量子コンピュータへの「入力」と考えられる。そして、ある時間 t のときの状態 $\psi(t)$ が「計算結果」という次第。この方程式の解は、指数関数（$\exp(x)$）を用いて、

$$\psi(t) = \exp(-iHt/h)\psi(0)$$

と書くことができる。h は「プランク定数」という量子力学に特有の自然定数であり、i は虚数単位（$i^2 = -1$）。

量子計算では、この $\exp(-iHt/h)$ の部分が「計算回路」にあたる。なぜなら、計算回路に $\psi(0)$ を入力すると（時間 t の後に）計算結果の $\psi(t)$ が出力される、と考えるからである。この $\exp(-iHt/h)$ は、「ユニタリーな時間発展」の演習子と呼ばれる。ユニタリーは英語では「unitary」で、unit（＝単位）という言葉の親戚だ。そのココロは、「大きさが 1」ということで、何の大きさが 1 なのかといえば、量子力学的な確率が 1 なのである。量子力学では、状態を 2 乗すると、その状態が実現する（＝観測される）確率になるのだが、その総量は時間とともに保存されなくてはな

らない。

$\psi(t)$ は「波動関数」とも呼ばれるが、それは「確率の波」であり、波の総量は増えもしなければ減りもしないのである。

で、ここがポイントなのだが、

$$\exp(-iHt/h) = \text{計算回路}$$

だとして、その計算回路を実現するようなハミルトニアン H の具体的な恰好を求めるのが凄く難しいわけ。

ファインマン先生は、計算をやるメモリーのほかに「カーソル・メモリー」というものを考えることによって、この問題を解決した。カーソルとは、もちろん、コンピュータの画面に出てくる、あのカーソルのこと。場所を示す役割をもっている。

ファインマン型の量子計算では、入出力としての状態のほかに、いわば「標識」としてのカーソル状態を考える。イメージとしては、計算途中でチラチラと中身を盗み見して、計算が終わっているかどうかをたしかめるのである。でも、全部見てしまうと覗き見がバレるから、カーソルの部分だけを見るようにする。

生成・消滅演算子は、このカーソルの状態を生成・消滅させるのである。

ここらへんで実際のファインマン流の量子計算を見てみることにしよう（以下の例は『Explorations in Quantum Computing』より）。

量子論理ゲートに NOT の平方根の $\sqrt{NOT}$ と呼ばれるものがある。行列では、

$$\sqrt{NOT} = \frac{1}{2}\begin{pmatrix} 1+i & 1-i \\ 1-i & 1+i \end{pmatrix}$$

と書くことができる。あたりまえの話だが、これを２回かけると NOT になる。

この $\sqrt{NOT}$ というのは古典論理（あるいは古典コンピュータ）には存在しない代物である。つまり、純粋に量子論理のゲートなのだ。で、さきほどのファインマン先生のハミルトニアンの式に出てきた A_1 と A_2 として（ともに）$\sqrt{NOT}$ を使って、最終的に NOT 回路をつくるのである。そして、状態１を入れれば０が出力され、状態０を入れれば１が出力されることをたしかめたいのである。

これは、ある意味、馬鹿みたいな例だといえる。なぜなら、NOT 回路の計算など、コンピュータを使わずとも定義レベルで誰でもできるからであり、ましてや、量子コンピュータを用いる必要などないからだ。

だが、具体的に量子論理ゲートという部品を用いて、計算をやってみるという意味では、きわめてよい例題なのである。

さて、状態１と状態０は１キュービットであらわされるが、ファインマン型の量子計算では、計算が終わったかどうかを教えてくれる標識の「カーソル」部分が必要になる。だから、

$$|0000\rangle$$

$$|0001\rangle$$

$$|0010\rangle$$

$|0011\rangle$

$\cdots$

$|1110\rangle$

$|1111\rangle$

の計16個の状態が必要になる。左の3つの数字がカーソル部分であり、左から3番目の数字が1になっているときだけ、計算が終わったことを示す。

なお、詳細に立ち入ることができないので残念だが、計算の種類が決まれば、カーソル部分の長さ（今の場合は左の3つ）と計算部分の長さ（$\sqrt{NOT}$ の場合はいちばん右の1つ）も決まる。

また、生成・消滅演算子のおかげで、カーソル部分は、常に3つのスロットのうちの一つだけが1で他の2つのスロットは0であることが保証される（だから、計算途中では、$|1110\rangle$ というような状態は決してあらわれない！）。

次ページの図は、縦軸が計算途中での各状態の確率をあらわし、$|i\rangle$ 軸は、16個の状態をあらわし、time は時間発展をあらわしている。

まず、時間0に状態 $|8\rangle$（＝二進数の8は1000なので状態 $|1000\rangle$ を意味する）を入力する。これが時間1では、シュレディンガー方程式にしたがって、他のいくつかの状態の重ね合わせへと発展する。だが、時間1でカーソル部分を「観測」したところ、最初と同じ100のままだった。カーソルが001でないと計算の終わりを意味しないので、計算を続行する。ただし、量子力学では、外部から観測す

■量子コンピュータによる計算の経過
状態の時間変化を示す。観測すると重ね合わせ状態が灰色で示した部分に収縮する

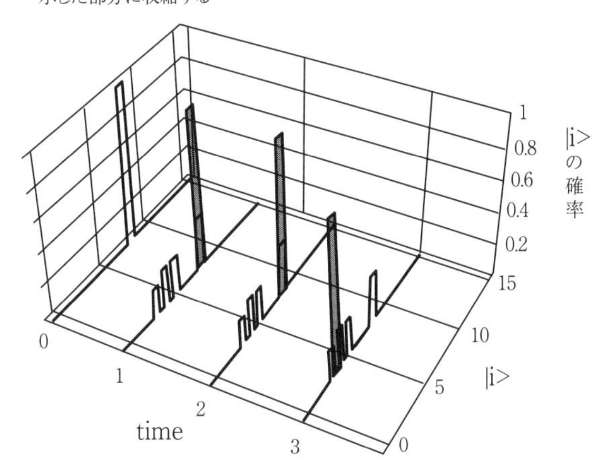

ると、重ね合わせの状態が、観測した１つの状態へと収縮してしまうので、ふたたび $|1000\rangle$ の状態から計算を始める。時間２でも同じようなことが起こるが、時間３では、カーソル部分を観測したところ 001 になっていたので、そこで計算を止めて、肝心の計算部分を見ると数字が１になっていた。つまり、時間３では、状態が $|0011\rangle$ $(= |3\rangle)$ に落ち着いたわけ。

それにしても、何度もカーソルを盗み見て、たまたまその最後の桁が１になっていないかぎり計算は終わっていないことになる。万が一、見過ごしたら、ファインマン型の量子コンピュータは、ふたたび時間発展してしまって、ふたたび長い間待たなくてはならない。

興味深いことに、一般にはこのコンピューターが計算を完了するのに要する時間を予測することはできない。

(『ファインマン計算機科学』 5-6 139ページ)

近い将来、実用化される量子コンピュータは、必ずしもファインマン型とは限らないが、少なくとも、具体的な計算をシュレディンガー方程式に「載せて」解いて、その答えを抽出する方法を考え出した、という意味で、ファインマン先生のこの分野への寄与は大きい。

ファインマン先生は、量子コンピュータが2050年までに実用化されるだろう、と予測しているが、はたしてどうなるだろうか。今後の発展が非常に愉しみな分野である。

column

からみあいと量子テレポーテーション

ちょっと難しい話が続いたので息抜きのつもりで、量子計算と関係した最近の話題をご紹介しよう。

「Scotty, beam me up!」(スコット君、転送してくれ!)

これは、アメリカの有名なSFドラマ・スタートレックの最初のシリーズでカーク船長がスコット機関長に(冒険活劇のあと、惑星から)エンタープライズ号に「引き上げてくれ」と送信するシーンだ。

この転送技術が、いまやSFの領域から実証科学へと入りつつあるのだ。

それは「量子テレポーテーション」と呼ばれている。

量子計算には「量子のからみあい」という現象がつ

かわれる。それと同じ現象がテレポーテーションでも必要になる。

量子のからみあい＝二つの量子の状態が（量子１の状態）×（量子２の状態）という「掛け算」の形にできないでからみあっていること

これは、ようするに男女の結婚みたいなものだ。遠く離れても夫婦は夫婦のままであるのと同様、からみあった二つの量子は、距離が離れてもからみあったままなのである。科学哲学者のマリオ・ブンゲは、この情況を指して「夫婦は離れても夫婦のままなのさ」と嘯（うそぶ）いてみせた。

説明が混乱しやすいので、量子１をアリス、量子２をボブ、転送したい第３の量子をカークと呼ぶことにしよう。

あらかじめ、からみあったアリスとボブを遠くに引き離しておく。次に転送したいカークをアリスと「くっつける」（精確には「同時測定」という）。すると、アリスの状態は変わる。

ところが、遠隔地に送ってあるボブは、アリスとからみあっているので、ボブの状態も「釣られて」変わる。驚いたことに、ボブは、カークと同じ状態になっているのである。で、アリスとくっついたカークはどうなったかというと、カークの状態も変わってしまって、もはやカークではなくなるのだ。

まるで、カークがアリスと浮気すると、遠隔地にいたボブが（夫婦の勘で）察知して、アリスとボブの仲が切れるみたいだが……むろん、真面目な量子力学のお話である。

■量子テレポーテーションの原理

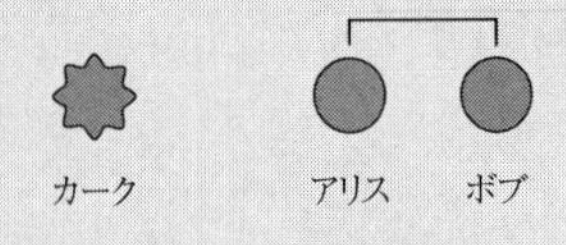

①アリスとボブはからみあった状態

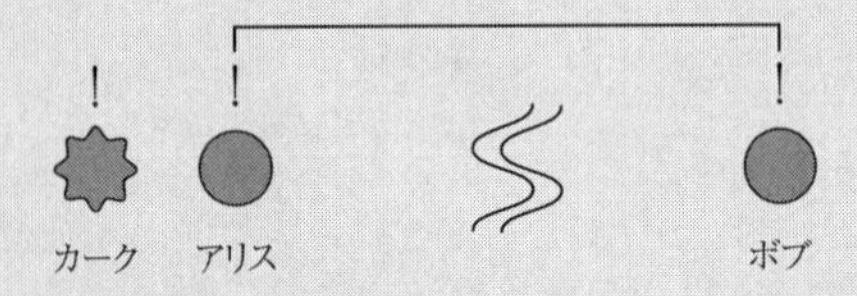

②ボブをアリスから引き離し、アリスをカークに近づける

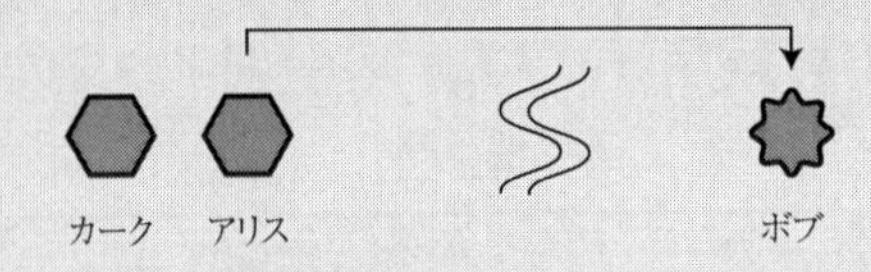

③アリスの状態が変わりその変化を感じてボブはカークになってしまう。
カーク自身も元の状態から変化する。これによって遠く離れたボブにカークの情報がテレポーテーションしたことになる

実際は、ボブの状態が変わるとき、(たとえば電子などの場合だと)そのままカークになるわけではなく、転送装置の出口が4つに分かれていて、そこで最終処理をされないとカークにならずに別人になってしまう。ところが、4つの出口のどこを通ればいいのかは、遠く離れたアリスと(当初の)カークの浮気現場で何が起きたか(これも4つの結果の可能性がある!)による。

　アリスが携帯電話で
「あなた、ごめんなさい。カーク船長とね……」
と結果が４つの可能性のうちのどれになったか、真相を伝えないと、ボブはカークに変身できない。
　携帯電話は通常回線なので、転送は、光速を超えることはない。
　ここらへん、ホントは数式をつかって説明するとスッキリするのだが、少々、話が難しいほうに流れかかっているので、あえてやめておきます。数式で理解したい方は巻末の読書案内をご覧ください。
　で、このSF的な話が量子計算とどうかかわっているかだが、量子コンピュータは、量子のからみあいと量子テレポーテーション装置と量子ゲートと呼ばれる３つの部品から作られることが証明できるのである……。

◆物理学よ、汝は美しきものなり：対称性

ファインマン先生の美意識のようなものを垣間(かいま)見させてくれるのが『ファインマン物理学』の随所に付録のように登場する物理学の対称性の話だろう。その中でも第2巻の第27章「物理法則の対称性」は「対称性の総まとめ」のようになっていて一読の価値がある。

> われわれがあるものに対しなんらかの働きかけをする、それをやった後に、やらない前と全く同じに見えるとき、それが対称であるというのである。
>
> （2巻　27–1　358ページ）

それにしても、なぜ物理学者は対称性などという審美的なことがらに興味をいだくのだろう？　定量科学において、左右均等とか鏡面対称などという幾何学的な美しさが何の役に立つ？

実は、対称性は保存則と結びついている。1915年にエミー・ネーターという女性数学者によって証明されたので、「ネーターの定理」と呼ばれているのだが、一言でいえば、

「対称性のあるところに保存則あり」

ということなのである。

たとえば、空間内の平行移動によって物理法則が対称だとすると、運動量の保存則が導かれる。ぶっちゃけた話、空間内で実験装置を平行移動しても実験結果が変わらないなら、運動量が保存されている、というのである。

あるいは、時間を変えて実験をしても結果が変わらない、

■ネーターの定理

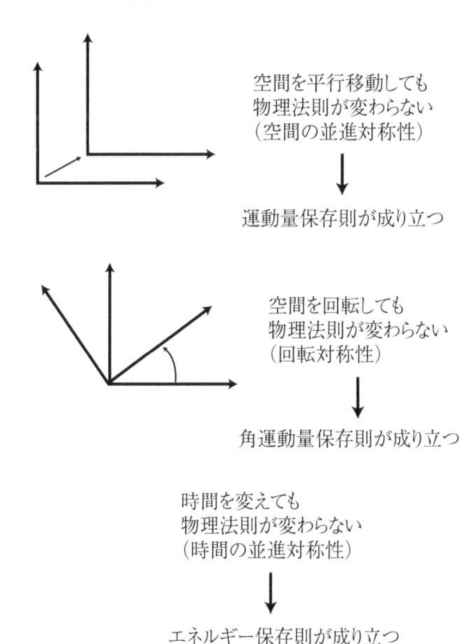

つまり時間の移動の対称性があるのなら、エネルギーが保存される。

同様に、回転対称性からは、角運動量の保存則がでてくる。

あるいは、量子力学に登場する波動関数は複素数なので「位相」と呼ばれる性質をもっているのだが、その位相に関する対称性からは電荷の保存則がでてくる。

つまり、対称性と保存則は、表裏一体なのである。

だから、エネルギー保存則が物理学にとって大事ならば、それを別の側面から見た対称性の存在も重要ということになる。

ファインマン先生があげている例で特に面白いのは、

1　鏡像対称性（＝パリティ）
2　物質と反物質の対称性（＝電荷）

の二つだろう。鏡像対称性は英語では parity で、その頭文字をとって P とあらわす。また、物質と反物質の対称性は charge の頭文字をとって C と書く。だから、P 対称性とか C 対称性という言葉遣いをする。

> ここで鏡に写った時計を見ることにする。鏡の中でそれがどう**見える**かは問題ではない。しかし実際に始めの時計が鏡の中に見えるものと全く同じなもう一つの時計を**作る**としてみよう。一方のものに右巻のバネのついたねじがあれば、つねにもう一方のものには左巻のバネのついたねじを使う。一方の文字板に“2”という印があれば、もう一方の文字板には“Ƨ”という印をつける。

（2 巻　27–4　363 ページ）

時計と鏡像の時計である。片方を鏡に写すと、他方に見える。だが、二つとも実物の時計である。

問題は、この二つの時計が同じように時を刻むかどうかだ。もし、同じようにはたらくのであれば、（ちょっと大袈裟だが）物理法則は変わらないから、鏡像対称性が存在することになる。片方が遅れるのであれば、鏡像対称性は壊れている。

で、結論からいうと、素粒子レベルでは、鏡像対称性は壊れている。パリティは保存しない。それを示した実験は1957年度のノーベル物理学賞に結びついた。低温で強い磁場の中に（ある種の）コバルトをおくと、コバルト原子は整列して「磁石」の性質をもつようになる。コバルトは壊れて、磁石のＳ極からは電子、磁石のＮ極からは反ニュートリノという素粒子が放出される。電子も反ニュートリノも量子的な「自転（スピン）」の性質をもっているのだが、コバルトが壊れて出てくる電子は左巻で、反ニュートリノは右巻であることがわかった。

■パリティの破れ

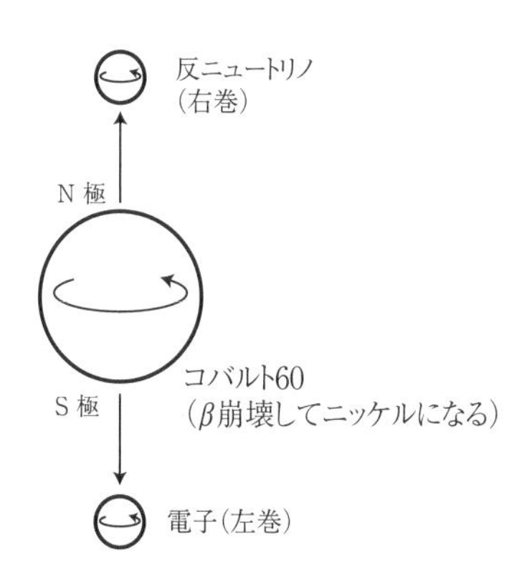

コバルトの回転を渦でイメージしてみると、その渦の勢い（スピン＝5）は、コバルトが壊れたときにニッケルの渦（＝4）のほかに、上下に分かれて飛んでゆく反ニュートリノ（＝1／2）と電子（＝1／2）に転換される。右巻とか左巻ということばは「飛んでゆく方向が右ネジの向きか左ネジの向きか」という意味なので、反ニュートリノは常に右巻であることがわかる。パリティが破れているというのは「右巻の反ニュートリノの“鏡像”である左巻の反ニュートリノが見られない」ということ。

で、鏡像の時計を組み立てるのと同じようにして、鏡像の実験をしてみたら、左巻の反ニュートリノが存在しなかったのである。

それがどうしてノーベル賞なのかといえば、この現象は、鏡像対称性を壊しているからなのだ。もしも鏡像対称性があるのならば、鏡像実験では、反ニュートリノが右巻から左巻に変わらないといけないのに、それはみつからなかった。

ニュートリノが関与する実験では、鏡像対称性が破れている。いいかえるとパリティは保存しない。

ここに出てきた反ニュートリノというのは、文字通り「ニュートリノの反対」という意味で、SFなどによく登場する「反物質」のこと。物質と反物質は電荷が逆である。マイナスの電荷をもった電子の反粒子はプラスの電子をもった陽電子であるし、同様に、陽子の反粒子は反陽子である。粒子と反粒子（物質と反物質）は電荷が逆であるだけでなく、ぶつかると消滅してγ線（＝光子）になってエネルギーを放出する。物質と反物質がぶつかると大爆発を起こすというSFの設定は物理学的にも正しい。

ここで問題になるのが、それでは、最初から電荷がゼロの中性子は、電荷が逆にならないから反粒子がないのか、という素朴な疑問だ。

> “反”ということの規則は、反対の電荷をもつということではない。いくつかの性質があり、そのすべてが反対なのである。反中性子は中性子とつぎのようにして区別される。二つの中性子を一緒にしてもそのままだが、中性子と反中性子を一緒にすると、両者は消滅し、大爆発を起こし、種々のπ中間子、γ線、そのほかいろいろな形で大きなエネルギーが放出される。
>
> （2巻　27–8　373ページ）

ナルホド。反粒子（反物質）の定義は、単に電荷が逆というだけではないのだな。

実は、これは、現代的な観点からは、陽子や中性子が３つのクオークからできていると考えることで理解できる。陽子は２つのアップクオークと１つのダウンクオークからできている。反陽子は２つの反アップクオークと１つの反ダウンクオークからできている。同様にして、中性子は１つのアップと２つのダウンから、反中性子は１つの反アップと２つの反ダウンからできているのだ。

■陽子と反陽子、中性子と反中性子（肩の数字は電荷）

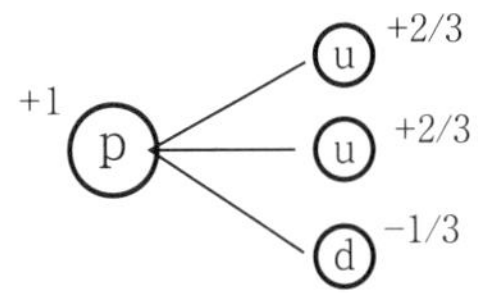

陽子は2つのアップクオークと
1つのダウンクオークからなる

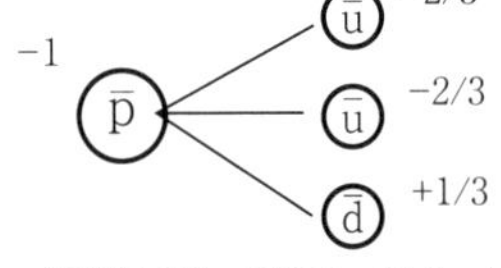

反陽子は2つの反アップクオークと
1つの反ダウンクオークからなる

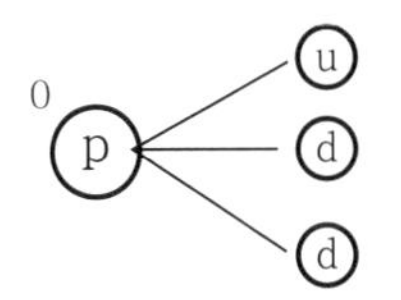

中性子は1つのアップクオークと
2つのダウンクオークからなる

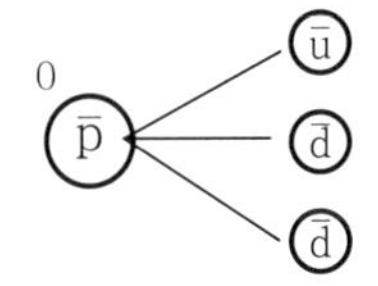

反中性子は1つの反アップクオークと
2つの反ダウンクオークからなる

ファインマン先生は、対称性に関する、ウィットに富んだ分析と紹介の最後に、
「自然はなぜこれほど近似的に対称的なのか？」
という質問をする。たとえば、陽子どうしにはたらく強い核力や中性子どうしにはたらく核力、陽子と中性子の間にはたらく核力は、みな同じだから、陽子と中性子を取り換えてもかまわないように思われるが、陽子と中性子は電荷がちがうので、この取り換えは完全には実行できない。

対称性は近似なのだ。

同様に、惑星の軌道は、完全に対称ならば円のはずだが、実際には、円が崩れて楕円になっている。

いったいなぜだろう？

この問いに対して、日本に長い間滞在経験のあるファインマン先生は、こんなふうに締めくくるのである。

> 日本に、日光の陽明門という有名な門がある。これは、よく、日本人によって日本中で最も美しい門であるといわれている。これは中国美術から大きな影響をうけている時代に作られたものである。この門はひじょうに精巧なもので、切妻や美しい浮き彫、柱、竜の頭、柱に刻まれた貴人などたくさんついている。しかし目をこらしてよく見ると、１本の柱で精巧で複雑な模様の中に、一個所小さなところで上下が逆に彫られているのに気づく。もしこのことがなければ、すべては完全に対称になっている。なぜそうなっているのかときくと、神々が人間の完全さをねたまないように、逆に彫ったという伝説をきかされる。

(2 巻　27–9　375 ページ)

あっぱれ。

なんとも洒落た締めくくりではないか。

column

ノーベル賞の評価基準

ノーベル賞を誰が取るのかは、マスコミならずとも関心が高い問題だが、その評価基準は、かなり微妙なようだ。

たとえば、パリティ非保存の実験の提案をしたリーとヤンはノーベル賞をもらったが、実際に実験をやったウーは受賞を逃している。つまり、「ただ、実験で確かめただけ」と思われたようなのだ。

あるいは、もっと昔にさかのぼれば、1919年にエディントンは、遠くの星からの光が太陽の重力場によって曲がることを日蝕時の天文観測により実証して、アインシュタインの一般相対性理論の初めての実験的な検証に寄与したが、1921年度にノーベル賞をもらったのは、アインシュタインだけだった。

1996年度のノーベル化学賞はフラーレン発見（1985年）の功績によりカールとクロトーとスモーリーに与えられたが、彼らの発見の15年も前に世界初の理論的な予言をしていた日本の大澤映二は受賞を逃した。英語で論文を書いていなかったのでノーベル賞の選考委員が知らなかったらしい。

たかがノーベル賞、されどノーベル賞。ノーベル賞の歴史をみていると、いろいろと人生について考えさせられることが多いようです。

◆アインシュタインもびっくり!?　一般相対性理論講義

力学のところで「見かけの力」がでてきた。そこで、重力も見かけの力の一種なのではないか、という考えを紹介した。ようするに自分が加速運動をしているせいで「あたかも力がかかったかのように感じる」だけなのではあるまいか。実際、重力場にさからわずに「自由落下」してしまえば、もはや重力は感じなくなる（だから「自由」落下というのだ！）。

いいかえると、重力にまかせて「落ちる」ような座標系では、重力をなくすことができるから、重力も見かけの力にすぎない……と結論づけられそうな気がする。

ところが、そうは問屋が卸さないのである。

物理学は物事を厳密に考えて数式に載せる学問だ。で、言葉の字面からは、自由落下によって重力の効果を消し去ることが可能なように思われる。だが、細かく分析してみると、重力は「一点」でしか相殺（そうさい）されないのである。

なぜか？

次ページの図をご覧いただきたい。

地球から離れた場所にあるエレベーターには、各所に重力がはたらいている。そこで、重力を消すために自由落下へと移行してみる。だが、重力は地球の中心へと向かうため、驚いたことに、エレベーターの真ん中の点ではたしかに重力が消えるのだが、その周囲では、重力が残存してしまうのだ！

これは、拡がりをもった物体のあらゆる点にはたらく重

■エレベーターの自由落下
落下するエレベーターの中で、人は「上に浮き上がる」ような加速度を感じる。エレベーターの真ん中では、上向きの矢印と下向きの矢印が打ち消しあってゼロになる。だが、たとえばエレベーターの左端では、上向きの矢印と右下向きの矢印がベクトル的に合成されて、エレベーターの中心に向かう力がはたらく。右端でも同様。結局、自由落下中のエレベーターには、左右から押しつぶされるような「潮汐力」が残ることになる。

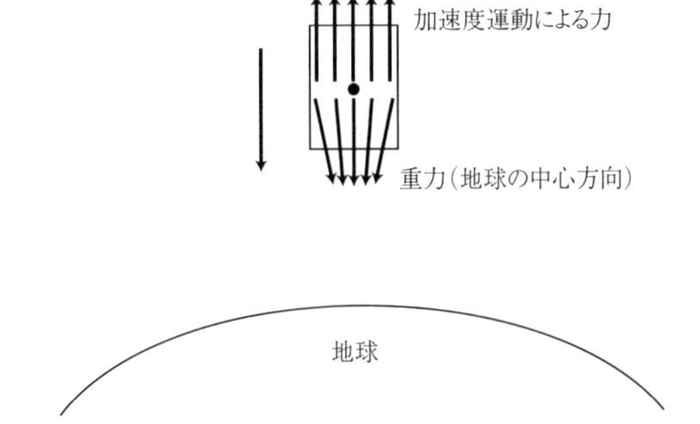

力を消去することが不可能なことを意味している。自由落下で重力を打ち消すことができるのは「一点」にかぎられる。それ以外の点には重力が残存する。

というわけで、どうやら、重力は単なる見かけの力ではなく、本物の力らしい。

重力を時空の幾何学と結び付けて理解しようとしたのがアインシュタインの一般相対性理論である。

ファインマン先生の一般相対論の紹介は実にユニークだ。

まず、三種類の虫を考える。第一の虫は平面上に棲んでいる。第二の虫は球面上に棲んでいる。第三の虫は熱板上に棲んでいる。虫には羽根がないので、それぞれの世界から「外」に出ることはかなわない。

これらの虫が幾何学を勉強する場合を想像する。

（4巻　21-1　331ページ）

なんとも人を喰った話だが、虫の勉強に付き合っているうちに、われわれはアインシュタインの一般相対論のエッセンスを理解することができるのだ。

虫たちは、それぞれの世界でA地点からB地点への「直線」、いいかえると「最短距離の道」を発見する。それは第一の虫にとっては通常の直線だが、球面上に棲む第二の虫にとっては「大円」の上の弧になるだろう（東京からニューヨークへ飛ぶ飛行機は、このような大円上のコースを飛んで燃料を節約する。地球儀の上なら、東京からニューヨークまで「糸を張る」のである。それが球面上の直線なのだ）。もちろん、球面の上の「最短コース」は曲がってみえるが、それは外から見ての話である。球面上に棲んでいる虫にはわからない。虫にとっては、最短コースこそが直線なのであり、それ以上でもそれ以下でもない。第三の熱板上の虫の直線も曲がっている。なぜだろう？

なぜかというと、熱板の外の熱い方へずれて線を引けば、（すべてを見通すことができる我々の目から見て）物差しは膨張するため、AからBまできちんと並べておいた“メートル尺”は数少なくてすむからである。

（4巻　21-1　331ページ）

最短距離というのは、ようするにメートル尺の目盛りが少なくてすむ、という意味だ。熱板上の虫にとっては、温

■最短距離

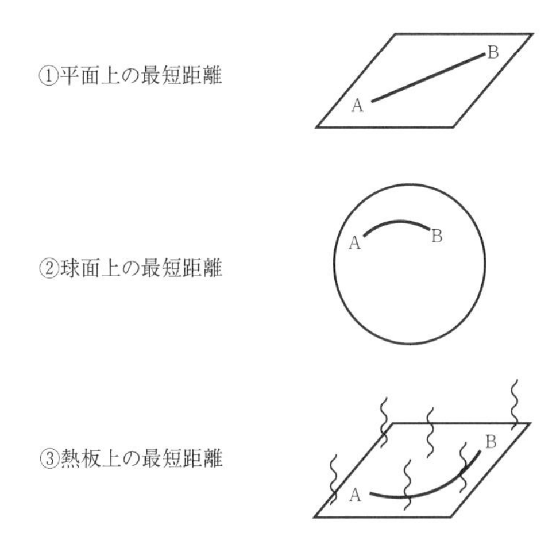

度の低い場所ではなく、温度の高い場所を通るほうがメートル数は少なくてすむ。熱膨張によってモノサシ自体が長くなるからである。

もっとも、それなら、どんどん温度の高いほうへずれていけばいいかというと、そうでもない。あまり遠くまで行ってしまうと、今度は遠回りになりすぎて、最短ではなくなるからだ。つまり、適度に熱いほうへ回り込むのが最短距離を選ぶコツということになる。

次に、虫たちが円について発見する事柄を調べよう。彼らは円を描き、その周の長さを測る。たとえば球面上の虫が図 21-11 に示したような円をつくったとする。

彼は円周が半径の 2π 倍よりも小さいことを発見するだろう。（中略）球面上の虫がユークリッドを読んでいて、円周の長さ C を 2π で割り

$$r_{\text{pred}} = \frac{C}{2\pi} \tag{21.1}$$

により半径を予言したとしよう。すると、彼は測定された半径が予言された半径よりも大きいことを発見するだろう。

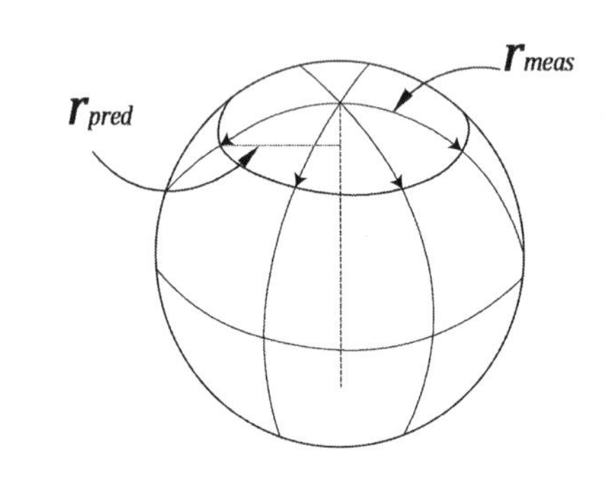

■図21-11
球面上で円を描く

（4巻　21–1　333ページ）

つまり理論値と実測値の差を「余剰半径」と呼んで、それがゼロでないならば、空間は曲がっている、というのである。曲がっていない平面ならば理論値と実測値のズレはない。ズレがあることは空間が曲がっていることを意味する。

面白いことに、このようなズレは、熱板の上でも生じる。なぜなら、半径が大きくなると温度が高くなってモノサシが伸びてしまうからだ。

ということは、虫たちが自分たちの棲んでいる世界の幾何学を理論と測定により研究する場合、球面と熱板とは区別がつかない、ということになる。いいかえると、球面と熱板とは（熱の分布さえ適当であれば）物理学的に同等なのである。

2次元平面では円周を測って2πで割って「理論半径」を計算したが、3次元空間になると円周を2πで割るのではなく、球の表面積を4πで割って平方根をとって理論半径を計算することになる。なぜなら、ユークリッド幾何学（＝学校で教わる幾何学）では、球の表面積は、

$$4\pi r^2$$

だからだ。

余剰半径＝実測半径－理論半径

ということだが、実は、これだけではアインシュタインの完全な理論とはいえない。余剰半径は、たしかに空間が曲がっていることを示しはするが、その曲がり具合を完全にとらえたものではない。余剰半径は、あくまでも平均的な曲がり具合をあらわしたものなのだ。3次元空間の曲がり具合を完全に記述するには、空間の各点において、6つの「曲率」を与えないといけない。

なぜ6つか？

曲がった空間の熱板モデルを3次元に持ち込もうとするときは、物差しの長さはそれをおく場所だけでなく、どの向きにおくかにも依存するものとしなければなら

ない。これは物差しの長さがおいた場所に依存するが、北—南、東—西、あるいは上—下の向きにおいても同じであるという簡単な場合の一般化である。

(4巻　21-2　336ページ脚注)

空間の各点にモノサシをおくと、点によってモノサシは伸び縮みする。それは、熱板の例を一般化して、空間でも場所によって温度がちがうような情況を想定することにあたる。ただ、3次元では、同じ場所でも、向きを変えるとモノサシの長さが変わるのである。

でも、東西、南北、上下、いいかえると x、y、z の各方向によってモノサシの長さが変わるのであれば、空間の各点における曲率は3つのはずだ。あれれ？

これは、$x-x$、$y-y$、$z-z$、$x-y$、$x-z$、$y-z$ の6つなのだ（$x-x$ というのは、x 方向の素直な曲がり具合であり、$x-y$ というのは、x 方向から y 方向へのねじれみたいな曲がり具合をあらわす）。

曲率についてアインシュタインが与えた法則は次のようなものである：物質が存在する空間の領域があるとしたとき、その中の密度が一定であるような充分小さな球をとったとする。そうするとその球の**余剰半径**は球の中の質量に比例する。余剰半径の定義を用いると

$$\text{余剰半径} = r_{\text{meas}} - \sqrt{\frac{A}{4\pi}} = \frac{G}{3c^2}M \quad (21.3)$$

となる。

(4巻　21-3　337ページ)

G はニュートンの重力定数で、c は光速で、M は球の質量だ。

ようするに、空間は重いと曲がるのである。

アインシュタインの一般相対性理論を初めて学ぶと（ふつう）アタマが混乱するものだ。いったい、何が理論のエッセンスなのか、どうにも全体の骨組みが見えてこないのである。たとえば曲率の計算が大切なのか、計量（＝熱板の上のモノサシの伸び縮み）が重要なのか、座標系の変換が理論の柱なのか……。ファインマン先生は、この点をスッキリと整理してくれる。

> ここで我々は重力について二つの法則を提出した：
>
> (1)　質量の存在によって時空はどのような幾何学的変化を受けるか――すなわち、余剰半径によって定義された曲率は、式(21.3)のように球面内に含まれる質量に比例する。
>
> (2)　重力以外の力がないとき、物体はどのような運動をするか――物体は、初期条件と終末条件を結ぶ２点間の固有時が極大になるような経路をとって運動する。
>
> （4巻　21–9　346ページ）

といわれても、これでどうスッキリするのか疑問を抱かれるかもしれないが、ファインマン先生は、この二つの法則が、ニュートン力学の場合の (1) 逆２乗の万有引力、(2) 運動の法則、そして、マクスウェルの電磁気学の場合の (1) マクスウェルの方程式、(2) ローレンツ力の式に相当する、というのである。

つまり、(1) は質量や電荷によって時空がどう変化するかをあらわしており、(2) はその変化した時空の中の質量や電荷をもった粒子がどう動くかを記述する。まず、重力場や電磁場ができて、その「場」の中を粒子が動く。これで物理法則は完璧なのである。

ただし、アインシュタインの理論の (2) は補足が必要だろう。「固有時」とはなんぞや？ また、それが「極大」になるとはどういう意味か？

まず、固有時だが、ようするに（他人の時計ではなく）本人の時計、ということである。粒子が運動しているのであれば、その粒子に付随した時間のこと。特殊、一般を問わず、相対論では誰が誰の時計を見るかで話がちがってくる。実験室で物理学者が動いている粒子を観測しているとしよう。物理学者の固有時は物理学者の腕時計のことである。粒子の固有時は粒子が「感じる」時間のこと。物理学者が「見た」粒子の時間は固有時ではない。ぶっちゃけた話、問題となっている主役がはめている時計のことだと思っていただければよい（この点は、本当に注意が必要だ。観客が舞台上の主役の時計を「見た」場合、それはゆっくり進むように見えたりするのだから。ブラックホールに落ち込みつつある主人公にとって、自分がはめている時計は、ふだんと変わらず時を刻むように感じられる。だが、地球から観測している天文学者には、その主人公の時計は止まって見える！）。とにかく固有時とは、（観客の座標系ではなく）問題となっている主役の座標系で測った時間のことである。

この固有時が極大になるのだという。あれ？　この話、どこかで聞いた憶えがあるゾ。そうです、本読本の姉妹本でご紹介したのだが、ファインマン先生の科学思想の奥深いところにある「最小作用の原理」というやつだ。光学なら「フェルマーの原理」という。A 点から B 点に至る光の経路は「最短距離」を選ぶ、という自然界の原理である。

もっとも、アインシュタインの法則 (2) では、最短時間ではなく、なぜか最長時間になっている。おかしいではないか。本来、「自然は無駄を嫌う」という原理のはずなのに、どうしていちばん時間がかかる経路になるのだろう？　逆ではないのか？

この事情を理解するには、まず、ファインマン先生が紹介してくれている簡単な思考実験を考えてみるのがいちばんだろう。

加速中のロケットの先端から後端へと信号が発せられる。もっと精確にいうと、先端にある時計から１秒ごとに後端へと閃光が発せられ、後端にある時計と時間間隔を比べるのである。で、最初の閃光（＝１秒目）と比べて二番目の閃光（2 秒目）のほうが進む距離が短い。

> これがより短いのは、ロケットが加速されているため第２の閃光のときはより大きな速さになっているからである。そのため、二つの閃光が時計 A から 1 秒間隔で発せられたとすると、第２の閃光の方が短い時間で達するから、これらの閃光が時計 B に達するときの時間間隔は１秒よりも少し短いことになる。その後の閃光についても同様である。したがって後端にすわっているあなたは

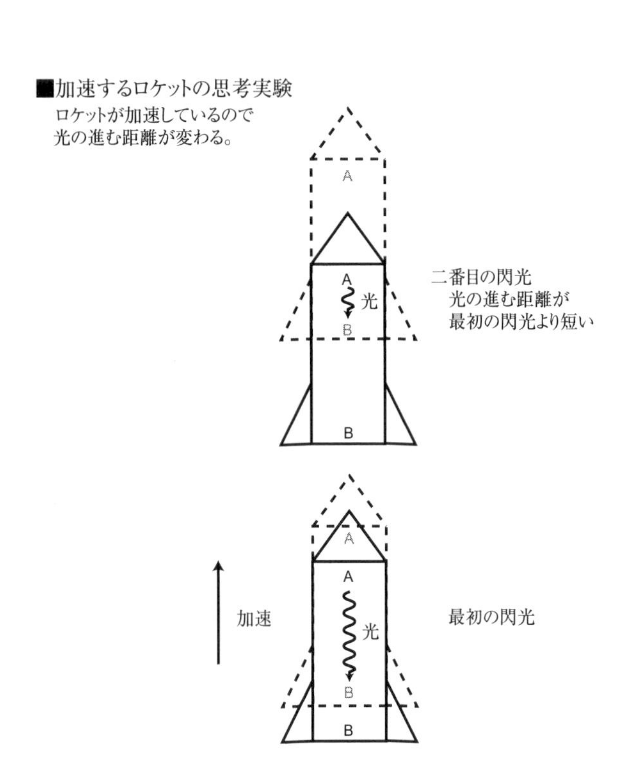

時計 A の方が時計 B よりも速く時を刻んでいると結論する。

（4 巻　21–6　340 ページ）

ここで、ロケットが加速中であることがポイントだ（もちろん減速中でもいいし、方向を変えていてもいい。カーブでは遠心力がかかるが、あれも立派な加速度である）。もしも「等速」なら、第 1 の閃光と第 2 の閃光は同じ距離を旅するので時計の刻み方に差は出ない。

で、時計の「チクタク」のことを「周波数」（＝１秒に何回チクタクがあるか）と呼ぶのであれば、ロケットの先端の時計の周波数と後端の時計の周波数の間には、

$$(\text{受信される周波数}) = (\text{発信される周波数}) \times \left(1 + \frac{gH}{c^2}\right)$$

という関係がある。ここで g は加速度で H はロケットの長さだ。ようするに、上端から発信されるのが「チクタク」だとすると、それを後端でキャッチすると「チクタクチク」という具合に余分に時を刻むのである。

そう、これは、通常のドップラー効果というものと（ほぼ）同じである。波源が近づいてくるとき、その周波数は大きくなる（逆に波源が遠ざかっているとき、その周波数は小さくなる）。

周波数が大きくなる例は、近づいてくる救急車のサイレンの音だろう。近づいてくるとき、救急車のサイレンは高く聞こえる。周波数が大きい（高い）のである。

周波数が小さくなる例は、遠ざかっている星の光だろう。宇宙の膨張につれて星が遠ざかるとき、星の色は赤いほうへズレる。光の周波数が低くなるのである。これを赤方偏移という。

今の場合、同じロケットの中で、（赤方偏移の逆の）青方偏移が起きているのだ。

等価原理により、自由落下加速度が g の重力場では高さが H だけ異なる二つの時計の間に、これと同じ関係が成り立たなければならない。

（4巻　21–6　341ページ）

たとえば地球の重力場では、地表と比べて高さ H のところでは、重力が弱くなっている。もっと精確にいうと「重力ポテンシャル」が mgh の分だけ小さくなっている。だから、ここで述べられていることは、重力が弱いと時計が速く時を刻む、ということであり、裏を返せば、「重力が強いと時計はゆっくり時を刻む」ということでもある（その場合は、ロケットの後端から発せられた閃光を先端でとらえる思考実験をやってみればよい！）。

さて、特殊相対性理論には、これと似たような現象がある。それは、「動いていると時計はゆっくり時を刻む」という現象だ。

はっきりしたイメージを抱くために地球と地球を周回している人工衛星を例にとろう。地表の時計の時の刻み（=「チクタク」そのもの、との時計での「1秒」）を dt と書いて高度 H にあって対地速度 v で移動している人工衛星の時計の刻みを dt' と書くと、

$$dt' = dt\left[1 + \left(\frac{gH}{c^2} - \frac{v^2}{2\,c^2}\right)\right]$$

という関係がある。この等式の意味は、地表の時計が「1秒」（$= dt$）を刻む間に人工衛星の時計は $\left[1 + \left(\frac{gH}{c^2} - \frac{v^2}{2\,c^2}\right)\right]$ 倍の時を刻む、ということだ。

ここらへんは、すぐにアタマが混乱する箇所なので、こんなふうに憶えておいたほうがいいだろう。

竹内流の憶え方＝相対性理論では、重力が強かったり、動いていたりすると、（相手から見て）時計のチクタクは間延びしてチークターク

と「スローモーション」になる。

たとえば人工衛星の重力場は地表の重力場よりも弱く、人工衛星は地球に対して速度 v で動いているから、人工衛星の時計は、地表の時計と比べて、重力場の分だけ速く進み、速度 v の分だけゆっくり進むことになる。

いったいどれくらい？

携帯電話などでお馴染みのGPS（global positioning system）衛星の場合、上に出てきた式の重力の項は、1.6×10^{-10} 秒程度の大きさで、速度の項は、その半分の 0.84×10^{-10} 秒の程度になる（衛星の高度は地球半径の4倍強で速さは秒速4kmほど）。

結局、重力の強い地表と比べてGPS衛星は重力が弱いところを移動しているので、衛星の時計のほうが相対的に進むことになる。その補正をしないと、ものの1分とたたぬうちに、衛星の位置特定の誤差が2mを超えてしまって、もはや軍事的な用途には役立たなくなってしまう。

GPS衛星が一般相対性理論による時計の補正をおこなっているとは驚きだが、それが現実であり、ある意味、われわれに身近な「相対性理論の実験による検証」ともいえる。

column

特殊と一般のつながり

特殊相対性理論はアインシュタインが1905年に発表したもので、基本的には、等速運動しかあつかえない。相対速度 v で運動している太郎と次郎の時計およびモノサシ（＝時間と空間を測定する装置）を t と x および t' と x' と書くと、二人の時空概念の間には、次のような翻訳規則がある。

$$t' = \frac{t - vx}{\sqrt{1 - v^2}}$$

$$x' = \frac{x - vt}{\sqrt{1 - v^2}}$$

これを「ローレンツ変換」と呼ぶ。

二人の時空概念はズレるのだが、

$$t'^2 - x'^2 = t^2 - x^2$$

という不変量がある。時間と空間の長さは人によって変わるのだが、時間と空間の２乗差は、誰にとっても同じなのだ。

さて、一般相対性理論では、ローレンツ変換にあたるものは、定数の速度 v だけでなく重力ポテンシャルや加速度を含んでもかまわない。早い話、特殊な「一定速度」というちがいだけでなく、より一般的な運動状態の差をあつかうことができるのである。

一般相対性理論では、t と x の代わりに無限小の dt と dx を用いて、

$$dt'^2 - dx'^2 = dt^2 - dx^2$$

と書く。そして、（たとえば）重力があると、時空が歪むので、地表と人工衛星の時計のズレのような式が出てくる。つまり、dt の前にポテンシャルに依存する

係数をかけて一般化するのである（ただし、dx' と dx がほぼ同等ということで無視した）。

だいぶ、話が遠回りになったが、ここらへんで元の道に戻るとしよう。われわれは、なぜ、最小作用の原理が最大固有時の原理に変わったのかを考えていたのであった。

静止した時計が時間 dt を刻む間に運動している時計は

$$dt\left[1+\left(\frac{gH}{c^2}-\frac{v^2}{2\,c^2}\right)\right] \tag{21.16}$$

の時間を刻むことになる。軌道全体についての余剰な時間はこの余剰項を時間に関して積分したもの、すなわち

$$\frac{1}{c^2}\int\left(gH-\frac{v^2}{2}\right)dt \tag{21.17}$$

であり、これは最大値をとるはずである。

上式で項 gH は重力ポテンシャル ϕ である。物体の質量を m とし、定数因子 $-mc^2$ を掛ける。定数を掛けても極大条件は変化しないが、負の符号は極大を極小に変える。したがって式 (21.17) は、運動する物体の満たすべき条件として

$$\int\left(\frac{mv^2}{2}-m\phi\right)dt=\text{極小} \tag{21.18}$$

を与える。

（4 巻　21–8　345 ページ）

なるほど、曲がった時空（あるいは熱い熱板）では、時

間や距離のモノサシが伸び縮みして、それが、ちょうどニュートン力学の $mgH(gH/c^2)$ というような恰好の「ポテンシャル」と関係づけられるのか。それは固有時の進み方に影響を与えて、

$$dt \to dt\left[1+\left(\frac{gH}{c^2}-\frac{v^2}{2\,c^2}\right)\right]$$

という具合に係数がかかってくる。固有時を最大にすることは、符号を考えると、結局、

作用 = (運動エネルギー − ポテンシャルエネルギー)
の時間積分

を最小にすることにあたり、最小作用の原理に一致する。

というわけで、最大固有時の原理は、一見、「自然は無駄をしない」という原理の逆さまのように感じられるが、よくよく調べてみると、最小作用の原理そのものであることが判明した。

すでに『「ファインマン物理学」を読む 電磁気学を中心として』において、ファインマン先生の科学思想の中核にある「作用」について触れたが、一般相対性理論の講義においても、やはり、ファインマン先生は「作用」を中心にもってきた。

力学、電磁気学、量子力学、そして一般相対性理論。あらゆる物理学理論を「作用」という観点から見ているファインマン先生の統一的な態度がおわかりいただけるだろうか。

◆消えたライバル
ランダウ＝リフシッツ物理学教程

学生時代、私だけでなく物理学科の学生がこぞって読んでいた教科書には２種類あった。ひとつは『ファインマン物理学』であり、もうひとつは『ランダウ＝リフシッツ物理学教程』である。片方はチャキチャキ（？）のアメリカ人の口述筆記に近い講義であり、もう片方は堅物ロシア人の厳格な教本といった感じであり、まさに好対照であった。

ランダウ（1908–1968）

レフ・ダヴィッドヴィッチ・ランダウは1908年にロシア帝国のアゼルバイジャンのバクー市に生まれた。弱冠14歳でバクー大学に入学後、レニングラード大学に移って、19歳で卒業。当時ヨーロッパ（というより世界の）理論物理学の中心だったコペンハーゲンのボーア研究所で学び、ソビエトに帰国後は、物理学のあらゆる分野にわたって理論的な貢献をし、1962年にはヘリウムの超流動の理論的な研究によりノーベル物理学賞を受賞している。スターリンの時代には一時期投獄されていたこともあり、さまざまなエピソードを残している。1962年の交通事故で奇跡的に一命をとりとめたものの、1968年の死まで、ランダウは物理学の研究に復帰することはなかった。

ざっとランダウの生涯を追ってみたが、こうやってみると、ファインマン先生とは（ある意味）対照的な悲劇の天才といった趣がある。

さて、『ファインマン物理学』と『ランダウ=リフシッツ物理学教程』の差は、一言でいえば、「数学」にある。ファインマン物理学は、ひたすら（言葉は悪いが）泥臭く、数式の背後にある物理世界の生き生きとしたイメージを追究しているのに対して、ランダウ=リフシッツは、洗練された（冷徹という形容詞が合うほどの）数学的なセンスに裏打ちされた教科書なのである。

実際、ランダウは、自分が学生をとるときには、事前に「最小限の数学」をマスターしてくることを要求したそうである。数学のできない奴は道場の敷居をまたがせないゾ、というのである。また、通常は物理学者になろうとする者は、ひとつの専門分野に特化して訓練を受けるのに、ランダウは、自分の学生に、あらゆる理論物理の知識を身に付けることを要求した。

そう、もうおわかりのように、『ランダウ=リフシッツ物理学教程』は、ロシアの天才物理学者が自らの学生に要求した「最低限」の理論物理学の教科書なのである。

私は、学生時代、文系から理転してやってきた落ちこぼれの劣等生であったので、最終的に全9巻という厖大な物理学教程の最初の「力学」と抜粋にあたる小教程の「力学・電磁気学」および「量子力学」の3冊だけ読んだ。それで2年間の物理学科の生活は終わりになった。その後、カナダの大学院に進んでから、私は、二度と、この厖大なロシアの遺産に立ち戻ることがなかった。

理数系の大学生ならば、『ファインマン物理学』にでてくる数学自体に足を取られることは（ほぼ）ないといえるだろう。ファインマン先生の使う数学は「ハウツー的」であり、ひたすら具体的であり、式と式のつながりを見失うこともない。

だが、『ランダウ＝リフシッツ物理学教程』は、物理学の意味に立ち入る前に、ほとんどの学生が数式の導出で躓（つまず）くという、恐ろしい代物なのだ。

とはいえ、私は、ランダウの教科書に大きな影響を受けたし、いまだに悪いイメージをもってはいない。たとえば「力学」の巻は、しょっぱなにラグランジアンという物理量がでてきて、ラグランジュ方程式から話が始まる（「ラグランジアン」というのは、運動エネルギーからポテンシャルエネルギーを引いたもので、それを全ての時間について足し上げるとファインマン先生の好きな「作用」になる）。そのプレゼンテーションの仕方は、大学の物理学科で習う「解析力学」と呼ばれる高尚な物理学そのものであり、学生であった私は、その「高級ブランド」の匂いに酔ったものだ。

ランダウの伝記とファインマン先生の伝記を読み比べてみると面白い。

ランダウもファインマン先生も悪戯（いたずら）をしたようだが、そのユーモアのセンスには、かなりの開きがあったようだ。ランダウについては、こんなエピソードがある。

ある日、ランダウは、（あまり業績のパッとしない）同僚の物理学者にこう言った。

「君がノーベル賞の選考候補になっているという連絡があった。明朝までに私のデスクにこれまでの論文業績をまとめてもってきてくれ」

翌朝、その物理学者が喜び勇んで山のような資料を運んでくると、ランダウは、怪訝（けげん）そうな顔をしてこういった。

「なんだ、あれはほんの冗談だよ。君の業績でノーベル賞をもらえるわけないじゃないか」

うーん、ちょっと厳しいかもしれない。こういうジョークは敵をつくりやすい。実際、スターリン時代の投獄も同僚からの密告が原因だったという話もある。

本書ではランダウの教科書の内容には立ち入らないが、同じ天才が書いた教科書でも、こんなにちがうものかと驚くこと請け合いだ。ランダウの教科書は、長年絶版（精確には品切れ重版未定）だったが、2004 年に久しぶりに復刊された。本屋さんで眺めてごらんになったらいかがだろう？

おわりに

『ファインマン物理学』全５巻を中心に読み進めてきた。その主目的はファインマンという不世出の天才が「考えていたこと」を読み解くことであった。

なぜ専門論文や一般向けの伝記ではなく、大学向けの物理学の教科書を選んだのかといえば、本書の冒頭でも強調したように、この分厚い教科書は、もともとファインマン先生の肉声をテープに録って、出版物として編集しなおしたものであり、そこに「人間ファインマン」の生々しい「本音」が滲み出ているからだ。

専門論文には、その科学的な結論にいたるまでの思索の過程や躊躇いや後悔といったものは反映されない。そういった人間的な要素をすべて削ぎ取った後に残るものだけが専門論文として世に出るからである。いわば、公の席におけるタテマエと社交辞令の世界なのだ（あくまでも結果発表の場なのだから、それはそれでかまわないのである）。

ファインマン先生の一般向けの伝記もたくさん出ている。そこには、たしかにあふれんばかりの人間ファインマンの顔が覗くが、肝心の科学思想の部分が欠落している。

私は、その両極端の出版物を読んだ上で、最終的に人間性と科学思想の両面がほどよく交ざり合った『ファインマン物理学』をテキストとして選び、天才の思索に迫ろうと考えたのである。

大学における講義は、「人を育てる」という意味で創造的なものでなければならない。だが、残念なことに、人を「創る」ことに情熱を燃やしている大学の教員は、さほど多くは見受けられない（これは日本だけの問題ではなく、世界中、どこでも多かれ少なかれ、そういう傾向がみられる。研究成果を創ることに情熱を注ぐ大学教員は大勢いるのに、次世代の「人を創る」ことに興味を抱いて時間を割く人は驚くほど少ない。ファインマン先生などは、例外中の例外だといえよう）。

『ファインマン物理学』全５巻は、ひとりの天才物理学者が次世代の科学者を「創る」ために情熱を傾けて物理学の全貌を語り尽くした、人類の財産なのだ。

今、朝日カルチャーセンターでの五学期にわたる講義を終えて、大勢の生徒さんと一緒に全巻を読破して、いまさらながら、ファインマン先生の「創造性」に圧倒され、知的な興奮とともに軽い眩暈（めまい）のようなものを感じている。

最後に蛇足の想い出話をして筆を擱（お）くこととしたい。

私が東大の物理学科に通っていたのは、もう二十年以上も昔のことになる。法科に進まずに科学哲学を専攻し、いったん大学を卒業してから、物理学科に学士入学をした私は、当時、周囲の学生たちよりも物理学の理解が遅れていて、かなりの焦りを感じていた。

これは、私の大きな欠点であると同時に利点でもある。私は常にあまりにも多くのことに興味を抱き、常に新しい分野を追い求め、その結果、一ヵ所に「定住」できず、知的な放浪とでもいうべき人生を送ってきた。

一言でいえば、それが私が、法曹界にも進まず、役所にも入らず、会社員にもなれず、哲学や物理学の研究者にもなれずに、今、こうして作家稼業を営んでいる理由だ。

知的な放浪のおかげで作家として書くものに事欠くことがない。おそらく私は死ぬまで書き切れないほどのネタをアタマに詰め込んできた。そのほとんどは読書によって培われてきた。あらゆるジャンルの本を虫のように読み漁ったが、それでも、この歳になって、ふたたび読み返す本は意外に少ない。

結局のところ、私の活動の血となり肉となっているのは、何度も読み返し続ける「座右の書」なのである。

私にとって、『ファインマン物理学』は、そんな数少ない友のひとりだ。

しばらく時間をおいて、また、いつの日か、この教科書に再挑戦してみたい——。

◆読書案内
（ファインマン先生の本を中心として）

本書の執筆の際に参考にさせていただいたものを中心に厳選してご紹介いたします。まずはファインマン先生のものから――。

◎『ご冗談でしょう、ファインマンさん』（上下）岩波現代文庫
R.P. ファインマン著、大貫　昌子訳（岩波書店）
◎『物理法則はいかにして発見されたか』岩波現代文庫
R.P. ファインマン著、江沢　洋訳（岩波書店）
◎『光と物質のふしぎな理論　私の量子電磁力学』
R.P. ファインマン著、釜江　常好、大貫　昌子訳（岩波書店）

この3冊は、『ファインマン物理学』全5巻とともに書棚に揃えておいて損がない「定番」です。まだお読みになっていない方は是非、本屋さんで手にとってみてください。

ファインマン先生のもっと専門的な教科書としては次のようなものがあります。

◎『量子力学と経路積分』
R.P. ファインマン、A.R. ヒッブス著、北原　和夫訳（みすず書房）
◎『ファインマン計算機科学』

ファインマン著、A. ヘイ、R. アレン編、原　康夫、中山　健、松田　和典訳（岩波書店）

◎『ファインマン講義　重力の理論』
モリニーゴ、ワーグナー、ファインマン著、ハットフィールド編、和田　純夫訳（岩波書店）

この3冊は大学上級向けですが、本書では、ファインマン型の量子コンピュータや重力の話題をご紹介しましたから、特に後の2冊は何度も参照させていただきました。この3冊は、最初から最後までを通読するというよりは、興味のあるトピックスを選んで読むのがいいと思います。

次にファインマン先生以外の本を一冊だけ。

◎『固体物理の基礎』（下・II）アシュクロフト・マーミン著、松原　武生、町田　一成訳（吉岡書店）

ファインマン先生の本で深く触れられていなかった磁性を現代的な観点から解説した教科書です。ただ、磁性のいい本は、他にもたくさんあることと思います。

最後にインターネットの情報もあげておきましょう。

https://www.nobelprize.org/prizes/physics/1965/feynman/lecture/
http://www.feynman.com/
http://www.vega.org.uk/video/subseries/8

http://www.phy.pku.edu.cn/~qhcao/resources/class/QM/Feynman's-Talk.pdf

この最後のサイトには、本書で引用したファインマン先生の 1960 年のナノテク講演、「There's Plenty of Room at the Bottom」の全文があります。平易な英語なのでオススメです。

索引

【英字】

【あ行】

【か行】

【さ行】

【た行】

【な行】

【は行】

【ま・や行】

【ら・わ行】

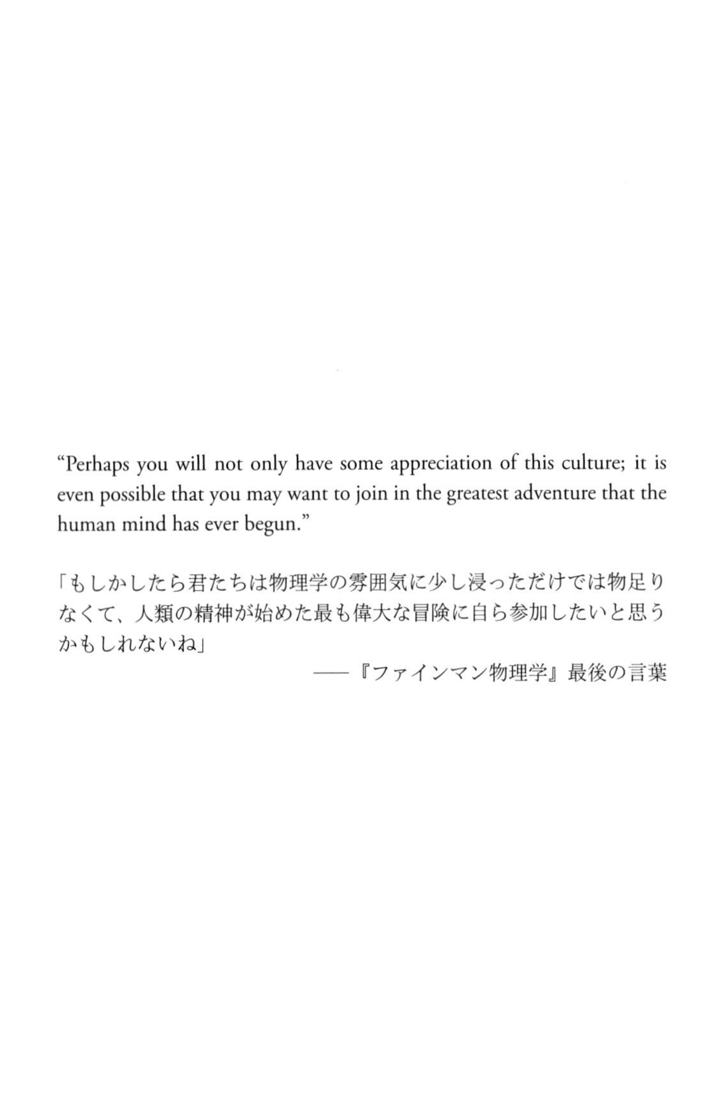

“Perhaps you will not only have some appreciation of this culture; it is even possible that you may want to join in the greatest adventure that the human mind has ever begun.”

「もしかしたら君たちは物理学の雰囲気に少し浸っただけでは物足りなくて、人類の精神が始めた最も偉大な冒険に自ら参加したいと思うかもしれないね」

——『ファインマン物理学』最後の言葉

N.D.C.420　236p　18cm

ブルーバックス　B-2130

「ファインマン物理学(ぶつりがく)」を読(よ)む　普及版(ふきゅうばん)

力学と熱力学を中心として

2020年3月20日　第1刷発行
2023年3月15日　第2刷発行

著者　竹内(たけうち)　薫(かおる)
発行者　鈴木章一
発行所　株式会社講談社
〒112-8001 東京都文京区音羽2-12-21
電話　出版　03-5395-3524
販売　03-5395-4415
業務　03-5395-3615
印刷所　（本文印刷）株式会社ＫＰＳプロダクツ
（カバー表紙印刷）信毎書籍印刷株式会社
製本所　株式会社国宝社

定価はカバーに表示してあります。
©竹内　薫　2020, Printed in Japan
落丁本・乱丁本は購入書店名を明記のうえ、小社業務宛にお送りください。送料小社負担にてお取替えします。なお、この本についてのお問い合わせは、ブルーバックス宛にお願いいたします。
本書のコピー、スキャン、デジタル化等の無断複製は著作権法上での例外を除き禁じられています。本書を代行業者等の第三者に依頼してスキャンやデジタル化することはたとえ個人や家庭内の利用でも著作権法違反です。
Ⓡ〈日本複製権センター委託出版物〉複写を希望される場合は、日本複製権センター（電話03-6809-1281）にご連絡ください。

ISBN978-4-06-519008-1

発刊のことば

科学をあなたのポケットに

二十世紀最大の特色は、それが科学時代であるということです。科学は日に日に進歩を続け、止まるところを知りません。ひと昔前の夢物語もどんどん現実化しており、今やわれわれの生活のすべてが、科学によってゆり動かされているといっても過言ではないでしょう。

そのような背景を考えれば、学者や学生はもちろん、産業人も、セールスマンも、ジャーナリストも、家庭の主婦も、みんなが科学を知らなければ、時代の流れに逆らうことになるでしょう。

ブルーバックス発刊の意義と必然性はそこにあります。このシリーズは、読む人に科学的に物を考える習慣と、科学的に物を見る目を養っていただくことを最大の目標にしています。そのためには、単に原理や法則の解説に終始するのではなくて、政治や経済など、社会科学や人文科学にも関連させて、広い視野から問題を追究していきます。科学はむずかしいという先入観を改める表現と構成、それも類書にないブルーバックスの特色であると信じます。

一九六三年九月

野間省一

好評既刊

「ファインマン物理学」を読む

竹内 薫

量子力学と相対性理論を
中心として

定価：本体1200円(税別)
ISBN 978-4-06-517239-1

電磁気学を
中心として

定価：本体1200円(税別)
ISBN 978-4-06-518800-2

物理学の真髄とは何か？

朝永振一郎とともにノーベル物理学賞を受賞した
天才物理学者リチャード・ファインマン。
カリフォルニア工科大学での授業をまとめた
『ファインマン物理学』。
刊行から半世紀以上、未だ読み継がれる名著を読み解き、
テーマ別にその本質を明らかにする人気シリーズの
「量子力学と相対性理論」と「電磁気学」編。
天才はどう考え、どのように理解していたのか!?